杉原 淳子 著
FASHION MARKETING

ファッション・マーケティング

高感性ライフスタイルをデザインする

嵯峨野書院

はじめに

　現代社会が求めているのは，自分を知り，それを表現する力，変化する社会に適応し，運用できる力のある，感性豊かな人間である。

　ところで，「感性」とは，どのようなものであろうか。時折，学生から「感性って何ですか？」と質問を受けることがある。彼らの頭の中にある「感性」とは，特別な能力で，「感性のある人」とは，音楽家や画家など，芸術的な業界において特別な能力を持っている人だと考えるからだ。たしかに，生まれ持ったもの，あるいはこれまで生きてきた生活環境に影響されている部分も多々あろう。しかし，『広辞苑』によると「感性」（sensibility）とは，「①外界の刺激に応じて感覚・知覚を生ずる感覚器官の感受性。②感覚によってよび起され，それに支配される体験内容。したがって，感覚に伴う感情や衝動・欲望をも含む。③理性・意志によって制御されるべき感覚的欲望。④思惟の素材となる感覚的認識」と解説されている。ならば，「感性」は，そのレベル，範囲は別にして，すべての人々が持っているものであり，自己が意識すれば磨かれていくものであるといえよう。つまり感受性を磨き効果に結び付けている人が「感性のある人」なのであり，眠ったまま放置している人，気付かない人，活かしきれない人などが，「感性のない人」，言い換えれば「鈍感な人」といえる。

　日常生活における「当たり前」（マナー，社会性など）を意識し，実行すること——たとえばそこからも感性を磨くことができるのである。

　複雑で多様な側面を持つ人間。本書では，人間を「生活者」「ビジネスマン」としての2つの側面から捉え，「みずからのライフスタイルをつくり上げ実行することのできる生活者」「その生活者のニーズに対応した業態化・商品化への動きを提案できる感性の高いビジネスマン」——この両側面から「感性」のある人間への成長を目指している。「感性」がなければどのような業界においても，優秀なビジネスパーソンにはなりえない。たとえ，経営・マーケティングの知識を詰め込

でも，それを実践するセンス，経営するセンスがなければ，ただの物知りに過ぎないからである．したがって，本書が，一人の人間の感性を磨き，経営のセンスを高めるための手引書になればと考える．

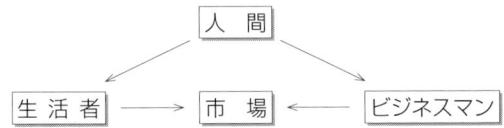

さて，本書は，講義用に執筆した入門書である．したがって，内容はこれまで行ってきた「ファッション・マーケティング」の講義をもとに構成されている．

第Ⅰ部では，時として生活者，時としてビジネスマンとしての両方の側面を持つ，「人間」にスポットをあて，感性豊かな人間像について解説する．まず，第1章では，ファッション・センスを磨くための第一歩として，マーケティングの基礎理論を十分に理解するための自己分析の方法について述べる．第2章はさまざまな商品・サービスとライフスタイルの関係を「はだ感覚」で説明する．第3章は私たちの周りにあるカラー，音，香りなど，五感で感じるコミュニケーション・ツールと，そこで演出されるトータルなイメージについて，第4章は第3章で述べたコミュニケーション・ツールの中のカラーについて触れる．

第Ⅱ部では，生活者としての個人の感性を磨くことを目的に，第5章ではワードローブをチェックすることにより，服装に関連するみずからの好みやライフスタイルを再発見し，そのコーディネートやそれ以後の個人にとって有効な購買へと結び付ける．さらに，表現力やプレゼンテーション能力を高める実習も行う．第6章は，コラージュおよびモデル＆スタイリストの実習から，みずからが関心のあるテーマについて，個人で，またグループで，平面的に，立体的に表現していく．第7章は店舗分析の実習である．ここでは，対象となる店舗について生活者の視点で分析（SWOT分析）を行い，店舗のさらなる魅力度の向上や改善点を示す．

第Ⅲ部第8～10章は，生活者の視点から「個人の住」「公的住としてのホテル」，そして生活している「まち」としての対象を眺める．さらに，第11章では，ビジ

ネスマンとしての感性を磨くことを目的に，質の高い生活をデザインしようとする生活者に向けて展開される企業（店舗）のファッション・マーケティングなど，経営的側面を中心に解説する。

　また，各章では，感性を養うための演習問題（try !），筆者の消費を通した体験談をコラムや事例として載せた。

　最後に，本書を出版するにあたり，株式会社嵯峨野書院社長・中村忠義氏，編集をご担当頂いた鈴木亜季氏のご高配，ご尽力に厚くお礼申し上げる。とりわけ編集をご担当頂いた鈴木氏には，読者が読みやすく，わかりやすい手引書のような教科書にしたいとの筆者の願いをご理解頂き，貴重なご意見，適切なご指摘を頂いたこと，深く感謝申し上げる。鈴木氏との協同作業から出版の運びとなった本書。そして，こうした素晴らしい出会いのきっかけをおつくり頂いた岡山商科大学教授・岡嶋隆三先生に深く感謝申し上げる。

　また，快く作品の提供にご協力頂いた大阪学院大学ファッション・マーケティング講義受講生のみなさん，近畿大学ファッション・マーケティング講義受講生のみなさん，また，このたびの執筆に際し，ご尽力，ご助言，ご指導頂いた方々に心よりお礼申し上げる次第である。

2004年4月

筆　者

目　　次

はじめに　i

序　章　ファッション・マーケティングとは……………………………*1*

1　ファッションとは　*1*

2　マーケティングとファッション・マーケティング　*2*

3　ファッション・マーケティングとは　*4*

第Ⅰ部　Human Resources ——————————————— *7*

第1章　ライフスタイルとファッション……………………………*9*

1.1　ライフスタイルとファッション　*9*

1.2　ライフスタイルと自己　*13*

1.3　自己分析の方法　*14*

1.4　自己分析の重要性　*16*

1.5　他者評価　*16*

第2章　はだ（スキン）で感じるライフスタイル ……………………*19*

2.1　自己とのコミュニケーション　*19*

2.2　はだ感覚とコミュニケーションの段階　*21*

第3章　はだで感じるコミュニケーション＆トータルイメージ……*25*

3.1　コミュニケーション＆トータルイメージ　*25*

3.2　和の世界にみるコミュニケーション＆トータルイメージ　*26*

3.3　音楽の世界にみるコミュニケーション＆トータルイメージ　*28*

v

3.4　自己とコミュニケーション・ツールの関係性　29

第4章　コミュニケーション・ツールとしてのカラー（色）……… 33
4.1　カラーが人に及ぼす影響と効果　33
4.2　カラーとコミュニケーション　33
4.3　パーソナル・カラー　35

第Ⅱ部　Lifestyle-designer ——————————— 41

第5章　ワードローブのコーディネーション……………………… 43
5.1　「ワードローブ・チェック」の概要と目的　43
5.2　「ワードローブ・チェック」実習の内容　44
5.3　「ワードローブ・チェック」実習の成果　44

第6章　ファッション表現で自己プレゼンテーション…………… 49
6.1　コラージュ　49
6.2　モデル＆スタイリスト　53

第7章　ショップ選びのマーケティング・リサーチ ……………… 57
7.1　生活者視点の店舗調査　57
7.2　店舗調査の内容　57
7.3　店舗調査事例　59

第Ⅲ部　Lifestyle-designer ＆ Corporate designer —— 63

第8章　ホームライフとファッション・マーケティング………… 65
8.1　所有する空間から暮らす空間へ　65

8.2　私好みの暮らしと企業の取り揃え行動　66
　8.3　生活デザイナーと空間デザイナー　68

第9章　ホテルライフとファッション・マーケティング　71

　9.1　ホテル・デザインとホスピタリティ　72
　　■ホテルのホスピタリティ　72
　9.2　ホテル・ブライダルにみる生活価値創造　75
　　■ブライダルターゲットにみるライフスタイル志向　75
　　■ブライダル・ビジネスを極めるチーム内コミュニケーション　76
　　■ハイアット・ブライダルにみる生活価値創造　77
　　■21世紀，ブライダルの最先端をいくブライダルマーケティング戦略　80

第10章　シティライフとファッション・マーケティング　83

　　■ファッション都市神戸　84
　　■若者がつくる新しい神戸　88
　　■神戸のイメージとファッション　90

第11章　企業のファッション・マーケティング　93

　11.1　ビューティ・ケア企業のファッション・マーケティング　93
　　■顧客の心をつなぐ感性豊かなコミュニケーション　94
　　■ヘアーサロンのミッションステートメント　95
　　■顧客評価＝みずからのキャリアアップ　96
　　■キャリアアップをサポートする給与システム　97
　11.2　アパレル企業のファッション・マーケティング　99
　　■顧客のライフスタイルにあわせた売り場づくり　100
　　■顧客のライフスタイルと売上　102
　　■顧客は「セレクトショップ」，そのとき販売員は？　103

　　　　■幅広い年代層の顧客へ，バラエティに富んだ接客　　103
11.3　ファッション・マーケティングの現状と今後の動向　　105
　　　　■ブルガリのホテルプロデュース　　105
　　　　■アルマーニのホテルプロデュース　　107

参考文献　109
索引　111

■本文イラスト/白井美紀

 # ファッション・マーケティングとは

1　ファッションとは

　ファッションといえば，洋服，靴，バッグ，アクセサリーなどを思い描く人も多いのではなかろうか。一般的にファッションとは，主に洋服の流行を指す。だが，本書では，洋服のファッションのみならず，朝起きてから夜寝るまで，場合によっては，夜寝ているときも含め，24時間の行為すべてをファッション（流儀，やり方）と考える。

　たとえば，私の朝は，一杯のミルクティから始まる。そして，シャワー，バスローブを着て化粧台の前に座る。この短い時間と行為の中に，利用している商品のなんと多いことか。紅茶，水，ミルク，器，洗剤，歯磨き粉，歯ブラシ，洗顔石鹸，ヘアシャンプー，ボディシャンプー，浴用タオル，バスタオル，バスローブ，化粧品の数々……。そして，家具，音楽，香り，自然光が入る空間。考えてみれば，私たちは，自分が心地良いと思う商品・サービスをツールに，心地良いときを過ごしている。それらは，私たちのライフスタイル（暮らしぶり，生活に対する考え方や習慣）の一部であり，そのライフスタイルを満足させてくれる商品・サービスは，私たちのファッション観を反映しているのである。

2　マーケティングとファッション・マーケティング

　マーケティングは，19世紀末から20世紀にかけて，アメリカで誕生した。日本では，第2次世界大戦後，1955年に日本生産性本部のアメリカ視察団によって導入され，ほぼ50年の歴史を持つ。

　では，マーケティングとは，どういうものか。日米のマーケティング協会，研究者らが定義づけをしているが，ここでは「マーケティングとは市場的環境に対する企業の創造的で統合的な適応行動である」という三浦信氏の定義をあげておこう。ただし，マーケティングは，企業のみならず，個人にも適用することが可能であると考える。

　ところで，マーケティング＝販売と考える人も多い。だが，それは大量生産，大量消費から生み出された販売問題を解決する過程で考え出されたという，マーケティング誕生の背景に拠るところが大きいのではなかろうか。こうして一般的に混同されがちな販売とマーケティングであるが，それぞれ出発点が異なる。販売の考えの出発点は工場であり，マーケティングの考えの出発点は市場である。マーケティングの概念は時代とともに，生産志向→製品志向→販売志向→マーケティング志向→社会的志向へと変化してきた。

　さらに，マーケティングにはかならず主体と客体があり，その捉え方，考え方などは，研究者が10人いれば10通り（十人十色）ある，時代に適応する動態的な生き物のような学問である。その観点からみれば，移り変わる時代の中で，生活者の価値観やライフスタイルが標的となるファッション・マーケティングは，社会志向をも包含した次なる段階の志向であると考えられる。そこでは，戦略のどの部分にも優れたファッション感覚を移入し，進化している生活者の半歩先を提供し，ハード，ソフト両面から驚き

や感動を与えることが求められる。

　このように考えると，ファッション・マーケティングは，広範囲で複雑に考えられがちであるが，そうではない。ファッション・マーケティングでは，これまで，顧客にとって「目的」であった企業の提供する商品・サービスが，心地良い快適な生活をおくるための「手段」に変化してきていることに着目し，それらの商品・サービスが，顧客のライフスタイルの中でどう活かされるのかを考える。したがって，ファッション・マーケティングでは，既存のマーケティング・フローをベースに，ごくごくシンプルに考える方がよい。

　たとえば，業種・業態が同じでも，置かれた状況，組織の構造

図表1　マーケティング戦略策定プロセス

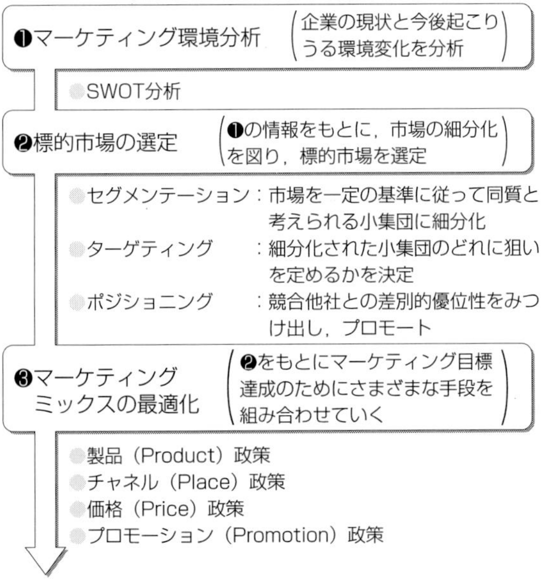

❶マーケティング環境分析 ― 企業の現状と今後起こりうる環境変化を分析
　● SWOT分析

❷標的市場の選定 ― ❶の情報をもとに，市場の細分化を図り，標的市場を選定
　● セグメンテーション：市場を一定の基準に従って同質と考えられる小集団に細分化
　● ターゲティング：細分化された小集団のどれに狙いを定めるかを決定
　● ポジショニング：競合他社との差別的優位性をみつけ出し，プロモート

❸マーケティングミックスの最適化 ― ❷をもとにマーケティング目標達成のためにさまざまな手段を組み合わせていく
　● 製品（Product）政策
　● チャネル（Place）政策
　● 価格（Price）政策
　● プロモーション（Promotion）政策

出所：青井倫一著『通勤大学MBA2　マーケティング』総合法令出版，2002年，pp. 26-27，p. 60，64，68，和田充夫他著『マーケティング戦略』有斐閣アルマ，1996年，p. 9，より作成

など，この世にまったく同じ企業は存在しない。しかし，企業ごとに違いはあるものの，「誰に」「何を」「いつ」「どこで」「どんなふうに」訴求するのかといった検討課題は同じであるため，そのフローはできるだけシンプルな方がよい（図表1）。ファッション・マーケティングでは訴求の対象としての生活者のライフスタイル，価値観を十分考慮することが重要となる。そこから，自社独自の戦略を編み出していくのがもっともよい方法である。だが，ややもすれば，横並び意識の強い日本人は，同業他社の企業の取り組みや業界のトレンドに左右され，単発的，短期的，物真似的な取り組みに終始し，自身喪失，自信喪失している場合が少なくない。市場の動向，競合他社との比較検討も必要であるが，まず，自社の進むべき道を考え，ターゲットの選定とともに，市場での必然性を検討し，戦略を展開していくことが望まれる。より身近な言葉に換えていうならば，企業のハートを，ソフト，ハード両面からデザインしていくことがファッション・マーケティングなのである。

3　ファッション・マーケティングとは

　私たちは，朝起きてから夜寝るまで，どのようなスタイルで，どのような商品・サービスをどのような理由で利用しているのか。たとえば，生産から消費まで一手に引き受けているホテル・シーンでは，どんな人が，いつ，誰と，どのような目的・理由で，どのようなホテルを，どのように利用しているのか。こうして生活者のライフスタイルを知ることで，生活者が必要としている商品・サービスがみえてくる。

　したがって「ファッション・マーケティング」とは，生活者がライフスタイルの中にみせる"必然性"を理解することから始まる。すなわち，衣食住余暇を通した生活者のライフスタイル全般

図表2　ファッション・マーケティングとは

をファッションととらえ，それに対応する企業のマーケティング活動が「ファッション・マーケティング」ということになる（図表2）。

　たとえば，「ファッション・マーケティング」を展開している企業に，婦人・紳士服販売のルシェルブルー（神戸市，高下浩明社長）がある。同社が運営するセレクトショップ「リステア」は，ファッションを軸とし，音楽やカルチャー，感度の高い情報を発信するショップとして2000年神戸に第1号店をオープンした。ここでは「自分のこだわりを大切にする大人」をターゲットとし，婦人・紳士服を中心に，靴・バッグ・アクセサリーなどの服飾雑貨，子供服・化粧品・CDなどを扱い，週末にはDJが入るなどイベントスペースも備え，エンターテインメントな「空間」を提案している。さらに，2003年には，三井不動産株式会社，西日本旅客鉄道株式会社，ジェイアール西日本不動産開発株式会社の3社との共同事業で，分譲マンション（神戸市）の内装プロデュー

㈱ルシェルブルーが運営するリステア神戸店

（写真提供）
LE CIEL BLEU

スを手掛け，20代後半から30代のファッション感度の高い，今を生きる女性のライフスタイルにふさわしい，ブティックのようなおしゃれ感覚を追求した「住」への提案も試みている。

　21世紀，持続可能な成長を目指す企業の特徴の1つに，顧客のライフスタイルに向けた新たなマーケティングへの取り組みがあげられる。それは，1つの企業内で完結している場合もあれば，前述したルシェルブルーのように，自社がターゲットとする顧客が求めているであろう，あるいはその顧客のライフスタイルにふさわしいと思われる商品・サービスを，自社内のみならず異業種とのコラボレーション（協働），コミュニケーションから取り揃え，顧客のライフスタイルをサポートするものもある。このように，現在，急成長している企業の多くは，これまでの業種・業態の枠を越え，進化し，ある特定のライフスタイルを持つ生活者に向け，商品・サービスを提供している。こうした動きは企業の生活業態化を意味するとともに，生活者の取り揃え行動を代行する「新・生活提案型産業」の台頭を示唆するものであり，本書で語る「ファッション・マーケティング」に該当する。

Human Resources

Part

ライフスタイルとファッション

1.1 ライフスタイルとファッション

　ある人は意識しながら，ある人は無意識に……，私たちは，朝目覚めてから，夜寝るまで，さまざまな商品・サービスをツールに，自分らしい生活をおくっている。一見，同じようにみえるライフスタイルも，10人いれば10人すべて異なる。そればかりか，一人の人間の生活だって，365日まったく同じ日はないのである。その時，その場所，一人の人間が置かれた状況や心理的なものが作用し，微妙に違いが出てくる。ただ，違いはあるものの，どのように生きているのか，また，生きようとしているのかなど，人生観や生活態度の中にその人らしさをつくり出している価値観がある（人間の基本的欲求については図表1.1を参照）。このように，ライフスタイルをつくり出している価値観と似た，あるいは同じレベルの価値観を持つ人間の集まりこそが，21世紀，新たな市場を開拓し，成長しようとする革新的な企業からみれば，ターゲットということになる。

　たとえば，子供から高齢者まで，幅広い層に人気のあるユニクロの商品は，タウンウエアーとして，レジャーウエアーとして，ホームウエアーとして，ビジネス等スーツのインナーとして，使い道はそれぞれであるが，シンプルで，機能性・デザイン性に優

図表1.1 マズローの7段階説

資料：Maslow,A.H., *Motivation and Personality*, 3rd ed., New York: Harper & Row, 1987, pp.15-31
出所：宮原哲著『入門コミュニケーション』松柏社, 1992年, p.52

れ，価格もリーズナブルな商品であり，みずからのライフスタイルのシーンにあわせて取り入れている層に支持されている。こうした支持層は，これまでの性別，年代，社会的属性，所得など，デモグラフィックな画一化された「誰」ではなく，提供された商品を「手段」として，ライフスタイルを演出している「誰」なのである。

　したがって，ここでいうファッションとは，私たち一人ひとりの「考え方」「生き方」「暮らし方」などライフスタイルを基本に，誕生から成長過程を経て身についたパーソナリティ，価値観，感性，センスが，衣食住余暇などを通じて表現されるものであるとする。

　たとえば，自分が今着ている洋服は，どのようにして手に入れたのだろうか？　両親，兄弟姉妹，友人からの好意的な略奪？　おさがり？　リサイクル？　あるいはプレゼント，あるいは購買など，その入手方法はさまざまであろう。だが，いずれの場合も，

自分が納得し満足しなければ、身に付けたり利用したりはしないのではなかろうか。とりわけ、みずからが店舗などに出向いて購入する場合は、はっきりと自分を主張しながら、あるいは販売員に発見されながら、みずからの価値観、ライフスタイルが反映されている。また、その洋服にあわせて身に付けている鞄、靴、時計、アクセサリー等小物などは、どのように選び、どう組み合わせているのだろうか？

　私たちが商品・サービスを購入するときのプロセスの代表例として、「AIDMA理論」（図表1.2）、購買意志決定過程を簡単に説明した 問題認識 → 情報探索 → 選択代案の評価 → 購買行為 → 購買後の評価 （図表1.3）や「S-O-Rモデル」（Stimulus 刺激-Organism 生活体-Response 反応＝ハワード＝シェスモデル、図表1.4）などがある。

　このように、洋服にしても、アクセサリー、小物にしても、私たちは、口コミ、テレビ、新聞、雑誌などの広告宣伝媒体、あるいは好きな人、尊敬している人（俳優、音楽家など）、まちで出会った印象的な人などから影響を受け、そうした刺激的な情報をもとに、興味や関心を示し、「欲しい！」というみずからの欲求に結び付けている。さらに、過去の経験などの記憶を辿りながら、商品・サービスを選択・購入し、生活のあらゆるシーン、TPOにあわせて取り揃え、さらに、それを身に付け、利用することによって、満足・不満足を感じ、そうしたみずからの評価が次の購買への動機付けとなっている。

　意識しながら、あるいは無意識に、私たちは、着ている洋服、付けている小物、ヘアースタイル、メイクに至るまで、トータルなイメージに基づきコーディネートしている。したがって、みずからがコーディネートしたもの、みずからの「品揃え行動」を知ることにより、これまであまり意識していなかった、気付かなか

図表1.2　AIDMA 理論

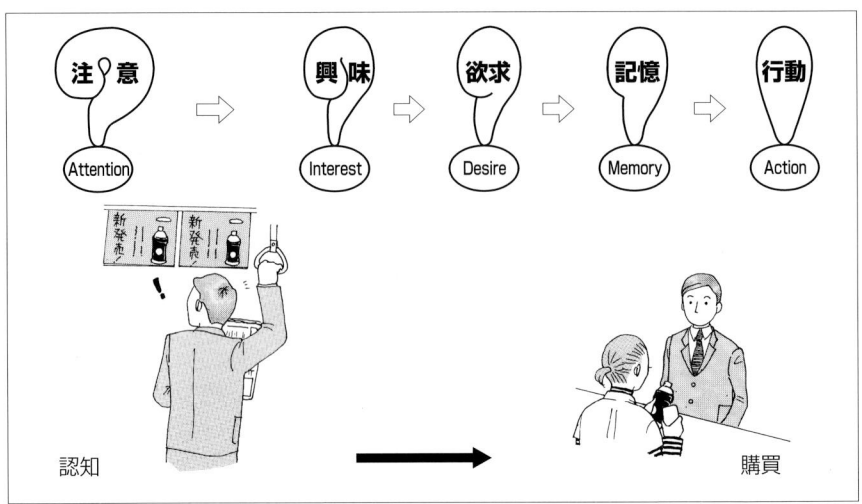

出所：寺田信之介著『図解マーケティング』日本実業出版社，1997年，pp.132-133，よりイラストを一部変更の上転載

図表1.3　購買行動プロセス

出所：図表1.2に同じ，pp.140-141，よりイラスト・内容を一部変更の上転載

12　第Ⅰ部　Human Resources

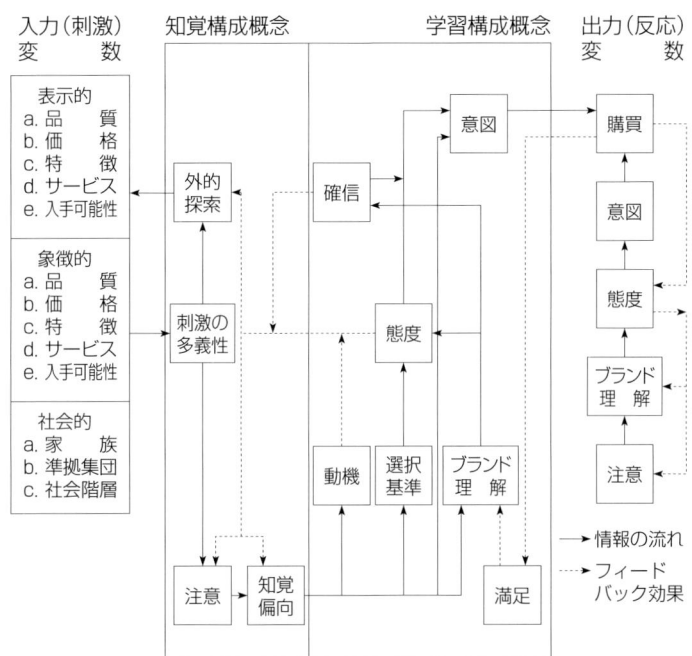

図表1.4　ハワード＝シェスモデル

出所：杉本徹雄編著『消費者理解のための心理学』福村出版，1997年，p.34

ったみずからの価値観，ひいてはファッションとしてのライフスタイルに出合うことができるのではなかろうか。

1.2　ライフスタイルと自己

「自分が知っている自分（A）」「他人が知っている自分（C）」「自分が知らない自分（B）」「他人も知らない自分（D）」（図表1.5），このように自分を知る視点が4つあるとするならば，「自分が知っている自分」は，今顕在し，意識している自分であり，「他人が知っている自分」は見た目，コミュニケーションを伴った他者が評価する自分である。さらに，「自分が知らない自分」「他人も知らない自分」は，まだ顕在化していない自分とい

図表1.5 自分を知る4つの視点

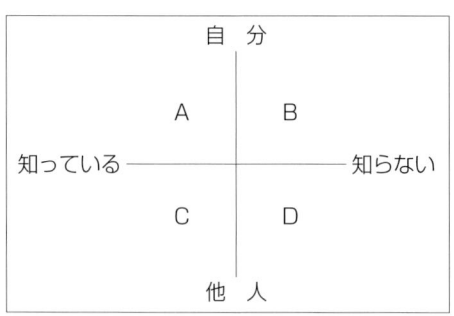

うことになる。

『自分とは一体どういう人間なのか？』

ファッション・マーケティングは，この自分を知ること（自己分析）から始まる。ただし，ここでいう自己分析は，あくまでも今顕在化している自己の分析である。

1.3 自己分析の方法

自分を知るための手掛かりとして，強み，弱み，機会，脅威の4つの視点があげられる。「強み」「弱み」は自分自身のこと（内部環境），「機会」「脅威」は自分を取り巻くこと（外部環境）であり，それぞれソフトな側面とハードな側面がある（図表1.6）。

強みとはみずからが持っている魅力であり，いろんな場面で活用できる資源といえる。たとえば，人に親切，暗記が得意，音楽が好き，踊りが好きなど，目にみえないソフトな強みもあれば，お金持ち，高級住宅街に住んでいる，高級車を持っている，高級ブランド品を身に付けているなど，目にみえるハードな強みもある。

弱みの場合も，短気，寡黙，コミュニケーションが苦手など，ソフトな部分もあれば，お金もない，家もない，車もないなど，

ハードな部分もある。ただし，強みにしろ，弱みにしろ，とりわけハードな側面は，本人の満足と相関関係にあるとはいいがたい。なぜなら，たとえば高級住宅街に住み，高級車を持っていても，必ずしも本人が幸せだと感じているとは限らないし，それが本人の行動を制約することもある。強みを強みと感じ評価するのは，あくまでも自分自身であり，自身の判断に委ねられる。また，おしゃべりが得意だと思っている人が，TPOを無視しておしゃべりをしたら，その場に居合わせた人々は雰囲気を壊す人と評価しているかもしれない。時として，強みは弱みに転じることもあれば，弱みが強みに転じることもある。したがって，強み，弱み，どちらにしても，本人の使い方次第で効果の有無が決まるといえよう。

　他方，機会，脅威は，みずからがコントロール不可能な側面である。たとえば，これを大学生にあてはめてみると，一般に大学生は卒業年次を迎えると，就職の機会を得る。だが終身雇用，年功序列の崩壊，企業のリストラ，能力主義の導入など昨今の就職市場を眺めれば，必ずしも新卒者が容易に就職できる時代ではない。対象となる企業に適したスキルや，全企業に共通して求められている社会性，マナーなど，現実社会に適応でき即戦力となる

図表1.6　SWOT分析

		ソフト	ハード
内部環境	強み		
	弱み		
外部環境	機会		
	脅威		

ビジネスパーソンが求められている。こうした社会の状況は，学生本人がコントロールできるものではなく，学生からみれば脅威に値する。また，学生自身がこうした社会の状況である，みずからの脅威を変えることは難しい。だが，将来の目標を持ち，目標に到達するための知識を得，スキルを磨き，社会性，マナーを身につけ，能動的に対応しようとする努力を惜しまなければ，脅威を克服することも可能である。

1.4　自己分析の重要性

　強み，弱み，機会，脅威の分析（自己分析）は，自分自身を知り，今後の人生設計を考えていく上において，重要なベースになる。私たちは社会の中で生活しており，その社会に適応しながら生きていかねばならない。自分の内部環境（「強み」「弱み」），自分を取り巻く外部環境（「機会」「脅威」）を知ることは，みずからの夢，目標をかなえるための材料となり極めて重要なことである。

　さて，マーケティングは環境適応であるといわれている。企業は，単に商品・サービスを提供するのではなく，それが顧客，ひいては社会にどのような影響を与えるのかを検討し，実行していかねばならない。そのために，企業使命，理念を掲げ，目標を設定し，それを実現していくためのマーケティングを考えようとしている。自社がどのような経営資源を持ち，取り巻く環境がどのようになっているのか，徹底した自己分析から市場でのみずからの優位性を見出し，戦略を立てる必要がある。そのとき自己分析は，企業にとっても戦略の要ともいえる重要な取り組みになるのである。

1.5　他者評価

　自分で自分のことを分析するのは，簡単なようでいて難しい。

そんなとき,『他人は,自分のことをどうみているのだろうか?』といった他者の視点も参考になる。
　たとえば,就職先について,自分は人に優しく,おもいやりもあり,コミュニケーションが得意であるから航空会社,旅行会社,ホテルなどのサービス業に進みたいと考える人も少なくない。だが,一方で友人,知人からみれば自分はどう映っているのだろうか?　他者からみれば,「本人は好きかもしれないけれど,もっ

> ■他人の錯覚
>
> 「あなたって,10歳は若く見えるわよ!」
> 　初めての方にお目にかかると必ずといっていいほど年齢の話題になる。年齢のことを話題にするのは日本人の悪い癖といわれているようだが,それも1つの評価として受け止めれば,自分を知る物差しになる。私は,40代のときも,50代の今も,10歳は若くみられているようだ。若くみられるのは,それなりにうれしいことではあるが,一方で,天邪鬼な私は,『それって,年相応の落着きや雰囲気がないってことじゃない?』と考えてしまう。ただ,不思議に思うのは,私自身『若くありたい!』などと一度も思ったことがないのに,他人からはそうみられていることである。さらに彼らは,その若さを保つために,私がエステに通いつめ,高級化粧品でお手入れをしているようなイメージさえ抱いている。実際のところ,その答えは,限りなく「NO」に近い。もし正解があるとするならば,それは,私の生活観にあるのではないかと思う。
> 　私は,日々,自分が自分らしく,居心地よく生活できる状態を考え,それを可能な限り消費を通して実現してきたように思う。なぜなら,それは自分がもっとも幸せな状態であるからだ。利己的だと思われるかもしれないが,本人はそう思っていない。本人は,私が幸せなら周りも幸せと都合よく考えるようにしている。もちろん,その意識は,衣食住余暇すべてのライフスタイルの場面に現われてくる。もし私が若くみられているとすれば,その秘訣は,こうしたみずからの幸せづくりの中に潜んでいるような気がする。

と他の職業の方がよいのでは？」と考えられる場合もある。自分による自分のための自己分析は重要だが，それだけでは，むしろ自分の可能性を閉ざしてしまうことにもなりかねない。そんなとき，他者の視点は，新たな道標として可能性を求めるためのヒントになるのではなかろうか。

　コラムでは，他者からみた筆者が描かれている。『他者からみた自分はどのように映っているのだろうか？』　一度，家族，友人，バイト先の仲間や経営者などに「私って，どんな人間？」と尋ねてみてはどうだろう。

---

try!

❶　今，着ている洋服の，①購買動機，②購買過程，③購買後の評価を，図表1.2，1.3，1.4を参考にしながら考えてみよう。

❷　今，身に付けている鞄，靴，時計，アクセサリーなどの小物に関して，その，①購買動機，②購買過程，③購買後の評価を，図表1.2，1.3，1.4を参考にしながら考えてみよう。

❸　たとえば，これから就職したいと思っている企業への自己アピールを考える場合，あるいは家業を継いで経営者になる場合，あるいは交際したい相手に自分をアピールしようと考える場合など，具体的なテーマをあげて「自己分析」を行ってみよう。

はだ（スキン）で感じるライフスタイル

2.1 自己とのコミュニケーション

　日頃，何気なく付き合っている自分自身，一緒に暮らしている自分自身。しかし，この自分をつくり上げているソフト（意識）とハード（体）に対して，コミュニケーション（交流）している人は驚くほど少ない。

　たとえば，胃が痛くなったり，風邪をひいたり，怪我をしたり，歯が痛くなったり，そのようなとき多くの人は病院へ行く。しかし，行けばもう患者として，「まな板の鯉」になる。患者は医者を神様のように信じ，自分の体を差し出す。診察台の上に横たわれば，病名が，原因がピタリと当たる！　と思っている。しかし，人間の体はとても複雑で，そしてどんなに優秀な医者も神様ではない。患者が自分自身の体について，そして自分の生活習慣，生活スタイルを話して，はじめて医者は，検査で出てきたデータとともに，患者が病気になった理由や現状が理解でき，原因追究，その後の治療に効果が期待できる。最近では，「インフォームドコンセント」といって，患者と医者が相互に情報を交換し，治療に役立てる仕組みができつつある。

　このように病気のときだけでなく生活のあらゆる場面で，商品を購入したり，サービスを受けようとするとき，その接点となる

■ "からだ" とお話するメリット

　今から，16年前の初夏のことである。病院に着いて，診察を受けた。当初，外科では虫垂炎という診断を下されたが，虫垂炎とはいえ身体にメスを入れることに抵抗を感じ，また，何となく先生の診断に疑問を感じた私は，なぜ，虫垂炎と判断したのか先生に聞いてみた。するとなんと，白血球が1万を超えていたので，虫垂炎と診断したとのたまうではないか！　検査データの結果のみで病名を判断しているのである。
　やり取りの末，その日は痛み止めを打って様子をみ，翌日，再度検査をすることになった。翌日，朝から，内科，外科，産婦人科，とグルグルまわった。ところが，産婦人科の先生がエコーを当ててみると，虫垂炎ではないが胆嚢のあたりに陰のようなものが映っているという。『ドキッ！』
　検査の結果がなかなか出てこなかった。内科，外科，産婦人科のお医者さんが寄って，検査の結果を検討してみたが，原因がわからないまま入院する羽目になった。痛みは，治まっていた。
　結果がわからないまま，「おそらく」という言葉から始まった内科の先生の説明は，こうだった。胆嚢が何かの原因で肥大し，それが垂れ下がって大腸に癒着している。通常，胆嚢は，大腸の上に水平に納まっているが，私の場合はそれが垂れ下がっているというのである。ひょっとして，ある時期，胆石が溜まり，それが自然に排泄され，その後垂れ下がったのではないかともいわれた。そして結論は，「正直，よくわからない」だった。でも，私は正直なその先生に好感を持った。その先生は，最初診断した外科の先生と違って，いろんな検査結果をもとに，私のこれまでの生活状態を尋ね，可能な限り，最善の分析をしようとしてくれていることが肌で伝わってきたからである。
　実は，数ヶ月前から，今の職場（会計事務所）で働くことに疑問を感じ悩んでいた。「おそらく，あなた自身気付いていないストレスが，胆嚢に現われたのではないでしょうか」という先生の話を聞きながら，「こころとからだ」の関係の深さを思い知らされた。と同時に，もう1つ思い出したことがある。そういえば，悩み始めてから毎日，夕方になるとドーナツが食べたくなり，仕事の帰りに，食事前にもかかわらずドーナツを2個食べなければおさまらなくなっていた。

> それが，毎日，数ヶ月続いたのだから，胆嚢もたまったものじゃない。原因はどうやら，自身でも気付いていなかったストレスによる過食である。それにしても，ドーナツを毎日食べなければおさまらないなんて，今までなかったこと。やはり，悩みからくるストレスが誘引していたのかもしれない。お陰で，「以後1年，油モノは一切ダメ」と，ドクター・ストップがかかった。場面は戻り。
> 　状況はわかったものの，病院では痛み止めを打つしか治療方法がないといわれ，私は先生に整体へ行くことを提案し，許可された。私の垂れ下がった胆嚢は，整体で正常に戻された。翌朝，先生は，正常に戻った胆嚢のレントゲン写真を眺めながら，首をかしげていたが，晴れてその日に退院することができた。
> 　医者も人間，神様ではない。だから，「黙って座れば"ピタリ"と当たる」などということはほとんど望めない。どんなに素晴らしい医者も，患者からの情報があればより適切な診断が下され，それが最良の治療に結び付く。私は，医者を生かすも殺すも患者次第であると思っている。もちろん，意識不明の重体以外は。

商品・サービスから発信されている情報や仲介する人物，情報と，それを購入，利用しようとする自分自身との相互理解が必要となる。そのためには，まず，自分にとって何が必要なのかを自分自身とコミュニケーションする必要がある。みずからの体の構造，状態，さまざまなモノや事柄に対する意識などは，自分らしさの理解につながる。

2.2　はだ感覚とコミュニケーションの段階

　第1章では，自分への理解を深める自己分析について説明した。第2章では，ライフスタイルを第1のスキン～第4のスキンで考え，述べていく（図表2.1）。
　まず，第1のスキンは，もっともはだに近い部分，密着度が高い部分を指す。たとえば，水，食物など，飲んだり，食べたりするものは，体の中に入り，直接影響を与えることから第1のスキ

図表2.1　ライフスタイルとスキンの段階

第1のスキン	イン：外食，料理，健康食品，嗜好食品
	アウト：下着，化粧品，香水
第2のスキン	洋服，靴，バッグ，アクセサリー，その他服飾雑貨
第3のスキン	空間（建物（外観），内装，調度品，その他家具・備品・雑貨など）
第4のスキン	ファースト・スキン〜サード・スキンを含めたコミュニケーション，またはコラボレーション
スキン・ミックス	各スキンの組み合わせ，トータル・ファッション

ン・インと呼ぶ。化粧品，香水，肌着など，はだに直接つけるもの，触れるものは，第1のスキン・アウトと呼ぶ。

　第2のスキンは，はだには触れるが，第1のスキンよりやや離れているものを指す。たとえば，洋服，靴，バッグ，アクセサリー，その他服飾関連の雑貨などがこれに該当する。

　第3のスキンは，さらにはだから離れ，私たちが住んでいる住宅に始まり，学校，会社，商業施設，美術館・博物館等の文化施設など建物を含む空間を指す。ゆえに，施設内（建物内）の内装，調度品，その他家具・備品・雑貨などもこれに含む。

　第4のスキンは，第1のスキンから第3のスキンのコミュニケーション（交流），コラボレーション（協働）であり，総合的なファッション・ライフを指す。

　また，スキン・ミックスは各スキンの組み合わせによる，個人のファッション・スタイルを指す。

　第1のスキン〜第4のスキンは筆者のオリジナルであるが，この考え方のベースには，菅原正博氏が提唱するエンジョイ型生活業態商品群における分類モデルがある。[1]

注

1) 菅原正博氏の場合，トータルライフを形成する4つの要因として，第1の皮膚は「ヘルシー＆ビューティ」（プロポーション，メイク，ヘアー，香），第2の皮膚は「ワードローブ」（下着，衣服，アクセサリー，靴），第3の皮膚は「インテリア」，第4の皮膚は「コミュニティ」をあげている（[7] p. 32)。

　また，ショッピングセンターの新たな戦略として打ち出された『次世代マーケティング』では，「次世代マーケティング流に言えば，消費者の生活文化度が『安定型生活文化度』から『エンジョイ型生活文化度』へと質的に変革する過程において，『マス・マーケティング』の「モダニズム」路線から次世代型の「ポストモダニズム」路線へと変化しはじめた」（[8] p. 2）と語り，さらに「エンジョイ型生活業態では生活物資としての商品だけではなく，家庭（ホーム），職場（オフィス）やその地域社会での各種のサービス提供機関での消費経験がエンジョイ型になっていて，楽しんで時間消費型を営めるかという点が重視される」とも指摘している（[8] p. 3）。ここでは，エンジョイ型生活業態商品群を「ヘルシービューティ生活業態商品群」「ファッション，アクセサリー生活業態商品群」「ホーム・オフィス生活業態商品群」「コミュニティ・サービス生活業態商品群」の4つに分類し，エンジョイ型生活文化度の中で中心的な役割を果たす商品群またはブランド商品群を取り上げている（[5] p. 8)。

　このように肌感覚を中心に4分類している点は菅原氏も筆者も同じであるが，菅原氏の場合，それが商品群別に分類されているのに対して，筆者は，第1のスキン，第2のスキンは類似する点はあるものの，菅原氏が示す第4の肌（コミュニティとしてのハード）は，筆者の場合第3のスキンに該当し，第4のスキンでは，すべてのコミュニケーション，コラボレーションを通じた総合的なライフスタイルの演出を意味している。

try!

❶ あなたは,自分自身とコミュニケーションをとっていますか? コミュニケーションをとっている場合,どんなときに,どんな風にコミュニケーションしていますか?

❷ あなたは,風邪をひいたとき,どのように過ごしていますか?

❸ 最近,病院で何か感じたことがありますか?(内科,外科にとどまらず,歯科,耳鼻咽喉科,美容外科など。また,あなた自身について,あるいはご家族,友人のことなどあなた自身以外のことについて。)

chapter 3 はだで感じるコミュニケーション＆トータルイメージ

3.1 コミュニケーション＆トータルイメージ

　「ワァー！」宴会場のドアが開かれた瞬間，学生の間から歓声が湧きあがる。

　これは，2003年8月末の日曜夜，大阪・南港にあるハイアット・リージェンシー・オーサカの宴会場で開催された「キッチン・スタジアム」(学生バージョン) の始まりの模様，感動の瞬間である。黒と青の世界で統一された宴会場の中央には，怪しく光る金属製の青色のやぐらが組まれ，4面のブースには，日本料理，中華料理，フランス料理，イタリア料理の各シェフを中心に，スタッフが仮設の厨房で料理を作っている。それは，まるで料理風景を演じているミュージカルの舞台を観ているようである。熱いお鍋に食材を入れた瞬間，ジュという音。食欲をそそる香り。静かに流れるジャズ，お洒落な盛り付けの料理の数々。お洒落な大人の雰囲気が漂う空間で，いつもは可愛く，幼く映る学生も，紳士淑女に変身していた。

　だが，こうした雰囲気を醸し出しているのは，シェフだけでもなければ，音だけでもなければ，光や色だけでもない。人も，音も，香りも，料理などその他のものも，お洒落な大人の世界を演出する one of them であり，その1つひとつがコンセプトに基

◀ キッチン・スタジアム

(写真提供)
ハイアット・リージェンシー・オーサカ

づいたトータルなデザインの中で息づき，それぞれが融和し，シナジー効果（相乗効果）を醸し出している。

　私たちは，多くの場合，1つひとつのハードやソフトを時間をかけて吟味し感じているのではなく，一瞬のうちに，漠然と，でも確かな感覚で，好き嫌い，良し悪しを判断している場合が多いのではなかろうか。つまり，瞬時にして，1つひとつのソフト・ハードとコミュニケーションをとりながら，そのトータルなイメージが総合評価として，私たちの満足度を左右しているのである。

3.2　和の世界にみるコミュニケーション＆トータルイメージ

　ところで，心地良いと感じる場面は，人それぞれであろう。だが，どのような場合も，その心地良さは，1つのモノやコトで実感しているものではなかろう。そこには，個人の脳や五感を刺激する対象としての要素（カラー，音，香りなど）があり，それらと

> ■和の世界にみるコミュニケーション&トータルイメージ
>
> 和風の趣のある門をくぐると，蝉の声がいっそう高く聞こえる。周りの木立に目を向けると眩しいほどに鮮やかな緑，打ち水された飛び石たちが，「ようこそ！」と出迎えてくれた。正面玄関では，羽織・袴に身を包み，正座した主が笑みを浮かべ，来客をもてなす。続いて，さっぱりとした清々しい和服姿の仲居さんが，部屋へ案内してくれる。心が安らぐような香の香り，木造建築ならではの木の香り，そしてしっとりと落ち着いた雰囲気はその料亭が醸し出す歴史の香りかもしれない。そこには，外の暑さが遠い過去のように思われる別世界がある。これは，京都の料亭での，筆者の心地良い和の体験である。

のコミュニケーションが，総合的なイメージを形成し，良い・悪い，好き・嫌いといった判断の基準になる。

　コラムの中の料亭は，京都という立地に始まり，木造和風造りの家屋（素材，形），それを包むような季節感のある和風の庭（カラー，香り，形），蝉の声（音），さらに和のイメージをかきたてる羽織・袴の主に，和服姿の仲居（人，カラー，形）など，さまざまな要素のさりげない演出が，迎える側のおもてなしの心を伝えている。1つひとつに主張があり，それらが喧嘩をしないで仲良く調和している。まるで，オーケストラの演奏のように。このとき，それぞれの要素は，和のイメージを創造させる観客とのコミュニケーション・ツールとなり，それぞれの組み合わせが，総合的なイメージを形成し，感性豊かな和の世界をエンターテインメントする。他方，主（提供する側）のもてなしの心を感じとり，それへの配慮がある客。ここに，舞台と観客が一体となったファッション・マーケティングの世界がある。

3.3　音楽の世界にみるコミュニケーション＆トータルイメージ

　洋の東西を問わず古典音楽に変化が起こっている。その変化とは，本質的に持っている良さを活かしつつ，新たな領域を創造している姿である。その新たな領域を創造している姿の1つに，他業界とのコラボレーション（共同，協調，合作）がある。たとえば，日本の伝統芸能といわれていた歌舞伎と，太鼓，ミュージカル，ゴスペルなどとのコラボレーション。三味線とジャズ。場との組み合わせでは，日本の寺での洋楽古典の三重奏など，既存の異質なもの同士を組み合わせることで，調和のとれた新たな世界を創造している。このような異種とのコンフリクト（衝突）から，新たな価値が生まれ，そこから学ぶべきことも多い。

　以下は，音楽の世界において基本をしっかりと身に付け，そこから新しい知識や見解を得，さらにコラボレーションによる創造的な世界をつくり上げている「blast」の事例である。

■音楽の世界にみるコミュニケーション＆トータルイメージ

　静まり返った会場から，かすかに聞こえてくるボレロ（ラベル）のプロローグ。真っ暗な舞台の上に，スポットライトに照らし出された日本人ソリスト石川 直（なおき）氏のドラムの音が響き渡る。これは，2003年7月23日，東京・渋谷「オーチャード・ホール」で行われた「ブラスト」の日本初公演の模様である。
　ブラストの前身は，1984年，アメリカのインディアナ州で結成されたマーチングバンド「スター・オブ・インディアナ」。当初，地域の青少年に対する音楽教育が目的であったが，その後，世界的なコンクールで数々の優勝を果たし，1999年，新たなパフォーマン

スの追求を目的に「ブラスト」が結成された。800回の公演をこなし，この日本公演でも中心的役割を果たしている音楽監督のフランク・サリバン氏は，「ブラストはユニークで，刺激的」と語る。全米オーディション5,000人から選びぬかれたメンバーたち。何千時間も練習を重ね，演奏，カラー，動き（パフォーマンス）が複雑に絡みあって，1つのストーリーをつくり上げる。ビジュアル＆ミュージカル＆見事なパフォーマンスは，まったく言葉を交わさないのに，出演者と観客が一体となる空間をつくり上げる。また，「ブラスト」は高度なテクニックもさることながら，観客へのサービス精神も旺盛である。このように，高度な技術を持ちながらも，観客を楽しませようとするエンターテインメントは，「ブラスト」のみならず，他業界にも共通して求められるものではなかろうか。

　メンバーの中でただ一人の日本人である石川氏は，中学のときに家族とともにアメリカに渡り，15歳のときにドラムを習い始めた。そして今，ソリストとして活躍している彼は，「他の人がやったことのないようなことをやる，ドラムにもこんな叩き方があるんだ」ということを表現することにチャレンジしている。彼の演奏を商品に例えるならば，それは，マーケティングでいう差別化を図り，既存の価値観を打ち破り意外性や驚きを創造しようとしたものであるといえる。

　さらに，メンバーは国も違えば，育った環境も異なる。自分の常識が，他のメンバーの常識ではないような環境（組織）の中で，メンバーが，ステージの上で1つになる。

　メンバー各人が，個人としての個性を持ちつつ，共通の価値観，意識を持ち，それが1つの舞台をつくり上げている。決して，個が前面に出ているのではなく，それぞれの個の技術が調和し，融合し，顧客と一体となった完成度の高い1つの公演がつくり出されているのである。こうした姿勢は，他業界においても，良好な組織内コミュニケーションのあり方を学ぶ参考になるのではなかろうか。

3.4　自己とコミュニケーション・ツールの関係性

　自己とコミュニケーション・ツールの関係は，大きく分けて2つ考えられる。その第1は，カラー，音，香りなど自己が望んで

手元に引き寄せるといった個人の選択に委ねられるもの，第2は環境から与えられるカラー，音，香りである。前者は，能動的であり，後者は受動的である場合が多い。

たとえば，自己が引き寄せるコミュニケーション・ツールの音では，『今日は，ウキウキ心が弾むようなヒップホップを聴こう！』あるいは『疲れたので，癒しの音楽，音を聴きたい！』といった場合があげられる。カラーの場合，『今日は，元気にハツラツとみせたい！』と思えば，赤などパワーのあるカラーの洋服を選ぶかもしれない。あるいは，『その洋服に合った香りをつけてみよう！』など，能動的にみずからの意志でコミュニケーション・ツールを選択し，自己を演出する場合もある。他方，環境から与えられるコミュニケーション・ツールの場合，たとえば12月になると，まちのあちこちからクリスマスの音楽が聞こえ，クリスマスツリーをかたどったイルミネーションや，赤，青，緑のクリスマス商品が目に付く。そんなとき，『あぁ，もうクリスマスのシーズン，友人とパーティを開いてみよう！』『彼（彼女）へのクリスマスプレゼントは何にしよう？』など，聞こえてくる音や目に映るものから，新たな消費意欲が生まれ，それが行動へと結び付く場合もある。あるいは，過去，うれしいときや哀しいときに，聞こえてきた音・音楽が，流れていたりすると，その過去の情景・光景を懐かしく思い出す。また，まちですれ違いざまにほのかなオーデコロンの香りがすると，同じオーデコロンをつけている人のこと，あるいは，その香りにまつわる過去の経験が思い出される。このように私たちは，生活の中にあるカラー，音，香りが発信する情報から刺激を受け，意識的に，あるいは無意識に，これまでの経験や過去の記憶が蘇り，懐かしく思ったり，新たな消費へと結び付けている。そこで，次章では，ビジュアル効果の高い，カラーについて述べてみよう。

try!

❶ 現在，あなたが通っている学校（会社）のイメージは？ また，それは，何を基準に，そうイメージしたのですか？

❷ あなたのお気に入りのレストランのトータル・イメージと，そのイメージをつくり上げている1つひとつの要素を示してください。

❸ あなたの思い出に残る「音」「香り」は？ また，その「音」「香り」が，なぜ思い出に残っているのですか？

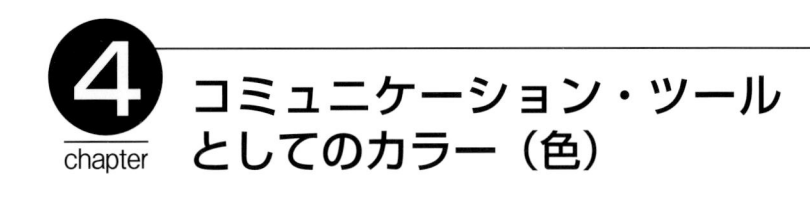

4 コミュニケーション・ツールとしてのカラー（色）

4.1 カラーが人に及ぼす影響と効果

　真っ赤に燃える炎，スポーツカー，スーツなど，赤はアグレッシブ（攻撃的，積極的）な状況をつくり出すのに効果的なカラーである。不思議なことに，赤を身に付けていると，なぜかしら気持ちが高まり，俄然やる気が出てくる。まるで，カラーのマジックにかかったような気持ちになるのは，私だけではないだろう。ただ，この気持ちの高まりは，興奮状態を指し，ポジティブな面もあるが，怒りを伴うなど，ネガティブな面もあわせ持つ。

　このように，私たちの生活の中にあるさまざまなカラーは，それ一色で，ポジティブ，ネガティブの両方の側面を持ち，さらに，同じカラーでも，学習による記憶，その場の状況，心理的な側面など，カラーから受ける個人のイメージは，置かれた状況ごとに変化する。このカラーによるコミュニケーションは，人生に，企業のマーケティングに大いに役立つものである。

4.2 カラーとコミュニケーション

　カラーにも大別して，自己の操作性が高いものと，環境からの刺激によるものとがある。たとえば，前者の場合，暑い夏，居心地の良い空間で涼しいときを過ごしたいと考える人は，部屋のカ

図表4.1 色の両面価値（ambivalence）

	ポジティブ	ネガティブ
赤	生命力，エネルギー，パワー	興奮，怒り
マゼンタ	華やか，洗練，情熱的	不安，孤立感，自己への愛情不足
ピンク	愛，愛情	傷つきやすさ，満たされぬ愛への渇望
オレンジ	明るさ，爽やかさ，代々栄える	トラウマ，ショック，精神的な依存，社交性の欠如
黄	健康，明朗，ユーモア	警告，臆病者，自己抑制，苛立ち
緑	安心感，安全，新鮮，癒し，成長，中立，若い，未熟（肯定的）	沈滞，抑圧，嫉妬
青	開放感，平和，幸福，名門，気品，男性，コミュニケーション，信頼・信念	憂鬱，哀しみ，切なさ
紫	高貴さ，品格，神秘的，幻想的，品位，尊敬	スタミナ不足，神経過敏
白	無垢，純潔，清純，清潔，明晰，明るい，すべてに染まる	孤立感，意思決定の低下
黒	自己防衛，自給自足，制御	憂鬱，自己否定，遮断

ーテン，ベッドカバー，テーブルクロスなどをブルーの涼しいカラーに変えてみようと思うかもしれない。また，日々，使用する食器，生活雑貨が，涼を呼ぶ透明なブルーに変わっているかもしれない。後者の場合，暑い夏，まちを歩いていて，鮮やかなブルーの海や空が描かれた看板，置物をみれば，その瞬間，暑さを忘れることもあるだろう。

　前者の場合も後者の場合も，私たちは，癒しとともに心地良い生活をおくるために，カラーをツールに生活に創意工夫を凝らし，それらとコミュニケーションを図っている。企業は，こうした生活者のカラーに対する意識を購買意欲に結び付けるため，カラーを効果的に企業のブランドイメージ，商品開発，販売促進などの

マーケティング活動に取り入れている。

4.3　パーソナル・カラー

　新入社員の入社時期，あるいは就職活動の時期，まちでは，黒や紺のスーツを着た若い男女の姿をみかける。とりわけグループは人目につく。しかし多くの場合，お化粧のノリが悪いときのように，スーツだけが浮いてみえるのはなぜだろう？　スーツを着こなしているというよりも，むしろ，スーツに着られているといった感じだが，視点を変えればそれも初々しい。

　普段は思い思いの服装を楽しんでいる学生も，企業の入社式や面接時にはスーツを着る。しかし，その様子は，どこか落ち着きがなく，不安そうな雰囲気が漂う。それは，スーツを着る個人の意識を反映している。ただ，面白いもので，はじめはスーツの着こなしがぎこちない若者も，数年経ち社会に馴染むと，違和感なく着こなすようになる。時間の経過とともに，ビジネスマンとしての意識が芽生え，行動も伴い，みずからに適したスーツの着こなしができてくるからであろう。

　ところで，洋服やそれに付随する小物は，個人の自己表現のツールであると同時に，社会的規範の中で求められる「身だしなみ」であり，そこには相応しいとされているカラーやデザインがある。先述のスーツもその一例である。黒や紺のカラーについて，似合う人，似合わない人，あるいは，自分は似合わないと思っている人がいる。さらに，黒，紺のみならず，その他のカラーについても，似合う，似合わないと思っている人々が多いのではなかろうか？　じつは，基本的に，人には似合わない色はない。

　色の三属性（色相，明度，彩度）の中の色相（色み）には，黒，灰色，白の無彩色と，赤，青，緑，黄色などの有彩色がある[1]。このすべての色相が個人の似合う色なのであるが，それには各色相

第4章　コミュニケーション・ツールとしてのカラー（色）　　35

の中で，自分に似合う明度（明るさ），似合う彩度（あざやかさ，強さ）を選ばなくてはならない。つまり，それぞれの色で自分に似合う色調を選ぶのである。たとえば，赤にも，毛氈のような明るい赤もあれば，ワインレッドのような渋めの落ち着いた赤もある。同じ赤でも，明度や彩度が異なると，似合ったり，似合わなかったりする。さらには，他人から受ける印象も異なってくる。

　では，どのようにして，似合う，似合わないを判断すればよいのだろうか。ここではその1つの判断材料として，人をイエローをベースにしたイエローアンダートーンと，ブルーをベースにしたブルーアンダートーンの2タイプに大別し，そこから自分の色を見分けるパーソナルカラー（個人に似合う色）を紹介しよう。

　一般的に用いられているパーソナルカラーは，イエローアンダートーンとブルーアンダートーンを基調に，春，夏，秋，冬の4タイプで構成されている（図表4.2）。多くの場合，私たちは，このいずれかのカテゴリーに属し，それは肌の色，瞳の色，髪の色などで決まる[2]。たとえば，「春タイプ」は，オークル系の色白の肌色，明るい茶色の瞳や髪の色で，ベースになるカラーはイエロー，明るく，人なつこい可愛らしいカジュアルなイメージ。「秋タイプ」は，オークル系の色白〜色黒の肌で，黒や濃茶の瞳・髪色で，ベースになるカラーはイエロー，シックで洗練された都会的な大人のイメージ。「夏タイプ」は，ピンク系の色白〜色黒の肌色で，黒，グレー，茶の瞳や髪色を持ち，ベースになるカラーはブルー，ソフトで優しいイメージ。「冬タイプ」は，ピンク系の色白〜色黒の肌，黒や濃茶の瞳や髪色で，ベースになるカラーはブルー，目鼻立ちのハッキリしたシャープでモダンなイメージである。さらに，4タイプ別に，それぞれ似合う色相が示されている。

　たとえば，4タイプでそれぞれ似合うピンクをあげてみよう。

図表4.2　パーソナル・カラー分析

- 4シーズンの名で分類することが多いが，他の分類方法もある
- 代表的なイメージを表現しているので，当てはまらない場合もある
- カラー・ドレープは約100〜120色あり，4シーズン区分される場合が多い

ソフトな（優しい）イメージ

Spring（春）

代表的なイメージ
- オークル系の色白の肌色
- 明るい茶色の瞳や髪の色

明るく，人なつこい可愛らしいカジュアルなイメージ

似合う色
春のお花畑のような，カラフルな明るい色

オレンジピンク，イエロー
イエローグリーン

Summer（夏）

代表的なイメージ
- ピンク系の色白〜色黒の肌色
- グレーみの黒や茶色の瞳や髪の色

ソフトで女らしく優しいイメージ

似合う色
梅雨に咲く紫陽花や初夏のアイリスのような青みのソフトな色合い

紫みのピンク，ラベンダー
水色，ブルーグレー，紺

黄みの色（ウォーム） ← → **青みの色（クール）**

Autumn（秋）

代表的なイメージ
- オークル系の色白〜色黒の肌色
- 黒や濃い茶の瞳や髪の色

シックで洗練された，都会的な大人のイメージ

似合う色
秋の紅葉にみられる，山や森の自然の色，木の実やブドウの色

オレンジ，茶，カーキ
モスグリーン，マスタード

Winter（冬）

代表的なイメージ
- ピンク系の色白〜色黒の肌色
- 黒や濃い茶の瞳や髪の色

目鼻だちのハッキリした，モダンでシャープなイメージ

似合う色
雪の中にある南天やゲレンデのスキーヤーのウェアの鮮やかな色

黒，白，鮮やかな赤やピンク
ブルー，パープル

ハードな（強い）イメージ

出所：下川美知瑠『図解でわかるカラーマーケティング』日本能率協会マネジメントセンター，2003年，p.189，よりイラストを一部変更の上転載

「春タイプ」が似合うピンクは，イエローをベースにした明るいコーラルピンク（珊瑚色）であり，同じイエローをベースにした「秋タイプ」は，サーモンピンクが似合う。他方，「夏タイプ」が似合うピンクは，ブルーをベースにしたベビーピンク，「冬タイプ」はやはりブルーをベースにした鮮やかなピンク，ショッキングピンクとなる。

　その色が似合うか否かを決める方法として，自然光が入る部屋で，素顔で，鏡に向って顔近くに色布を当てる。そのとき，顔が明るく元気に映る色は似合っている色であり，疲れてみえたり，くすんでみえたりする色は似合っていない色ということになる。さまざまな色相の色を何度も顔に当てると，おのずと1つのパターンが導かれ，それは春夏秋冬のいずれかに当てはまる。

　こうしてみずからのパーソナルカラーがわかれば，最初に示した黒，紺のスーツも，イエローをベースにしたものか，ブルーをベースにしたものかで，自分に似合うものを探し出すことができる。またスーツを着こなすのには，多少時間はかかるが，似合っている色のスーツを着ることで，第一印象や好感度は高くなる。

　また，すでに持っているスーツを着る場合，そのスーツの色が自分に似合っていない場合でも，新たに購入する予定がなければ，みずからのパーソナルカラーに合う色のシャツ，インナーを着るなど，顔にもっとも近い部分に似合う色を合わせると印象は変わる。

　このように，パーソナルカラーを理解し，生活の中で活かすことは，自己表現やみずからの魅力を最大限にアピールできる有効な手段といえよう。

注
1) 黒，灰色，白などの無彩色も色相ではあるが，色合わせを考えるときに便利な色相環（黄〜緑の12色）の中には入らない。[9] p.10参照。
2) ただし，一度，決定したパーソナルカラーも，加齢（体質，身体的構造上の変化），そのときの心理状態，環境条件により，変化することもある。

try!

❶ あなたの好きなカラーは？ なぜ，そのカラーが好きなのですか？
❷ あなたのパーソナル・カラーは，春夏秋冬のどれでしょうか？ 図表4.2を参考に，肌の色，瞳の色，髪の色などから，みずからのパーソナルカラーを考えてみよう。
❸ あなたは，生活の中で，カラーについて工夫している点がありますか？ 着ている服，持っているもの，部屋などで考えてみよう。

Ⅱ Lifestyle-designer
Part

chapter 5 ワードローブのコーディネーション

5.1 「ワードローブ・チェック」の概要と目的

　私たちは，みずからの好みで洋服を選びながらも，一方で，その洋服を着る場面を想定していることも多い。学生であれば，大学へ通うときの服，コンパに着ていく服，彼（彼女）とのデートに着る服，クラブ活動，アルバイト，就職活動など，学生という共通したくくりの中で，シーンに合った服装を求め，コーディネートしている。したがって，ワードローブ（洋服ダンス，衣装ダンス）の中身をみれば，その人がどんな好みで，どんな生活をおくっているかが，ぼんやりとみえてくる。だが，多くの場合，ワードローブの中身をすべてを把握している人は少ないのではなかろうか。

　そこで，本章では「ワードローブ・チェック」によって，みずからが自身のワードローブの中身を知り，わかっていると思っていたけれど実は漠然としていた，①みずからのライフスタイルを再発見・再認識するとともに，②現在持っている洋服，靴，バッグ，アクセサリーなどとの新たなコーディネートを考えたり，新規に購入するものとのコーディネートなどを考えるきっかけづくりを提案してみたい。

5.2 「ワードローブ・チェック」実習の内容

「ワードローブ・チェック」では，みずからが持っている洋服，付属品などについて，商品アイテム（品目）ごとに，デザイン，色，素材，価格などを記入する。これを，実習における課題の基本としている。だが，その表現方法は自由であり，ワードローブをチェックする本人の独自性・感性に委ねられる。つまり，フィギュアスケートやソーシャルダンスでいえば，一定のルールはあるが，フリースタイル，フリー演技で，「ワードローブ・チェック」を表現するということになる。

■基本的なルール
- A4用紙を使用（枚数は自由）
- 商品アイテムごとに，デザイン，カラー，素材，価格などを記入する
- 気付き，感想を記入する

■自由性
- ワードローブをアイテムごとに整理し，必要な項目をどのように表現するか，その表現方法はチェックする本人の裁量に委ねる

5.3 「ワードローブ・チェック」実習の成果

このように，本書の「ワードローブ・チェック」では，基本的なルールに基づき，あとは制作する本人の裁量で自由に表現する。そこに，本人でさえ気付かなかった洋服を通したファッションの傾向・好みを再発見・再認識したり，知らず知らずのうちに，それらを着用するシーンから自己のライフスタイル分析を行い，現

在のトータルなコーディネートや新たなコーディネート，購買に結び付けているのである。

　興味を持って「ワードローブ・チェック」に取り組み，整理，分析，表現する中で，自然に感性やセンスが磨かれ，そこから『こんな風にも表現できる』というような驚き，意外性，アイデアが生まれ，ビジュアル・プレゼンテーションの能力が高められていく。以下，実際に作成された「ワードローブ・チェック」の作品をみてみよう（図表5．1）。

　図表5．1のようにその表現方法はさまざまであるが，基本形と応用形に大別される。まず，商品アイテムごとに分類された基本形では，フリーハンドのデザインで素材の風合いを表現し，カラー（色鉛筆，クレヨン，マーカー）付けし説明しているもの，図表5．1．Aのように，アイテムごとに1つずつデジタルカメラで撮り，貼り付け，内容を説明しているもの。

　応用形では，洋服のテーマや着用シーンを考え，リスト自体にもデザインを施しているもの（図表5．1．B）。オリジナルのマーク（ハート型，星，シャボン玉，水滴，雪だるま，葉など）を考え，それをシーズンごとに色分けし，それらのコーディネートを説明しているもの（図表5．1．C）。さらに，着用する機会が多いアイテムの割合を円グラフ（1週間）で示すもの，アイテムの素材の割合を円グラフで示すものなど，「ワードローブ・チェック」の作品には，チェックした本人のユニークなアイデアが盛り込まれている。

図表5.1 「ワードローブ・チェック」の作品例

◀ 5.1.A 中村由佳さん作

▲ 5.1.B 松田明菜さん作

◀ 5.1.C 辻野紗耶香さん作

46 第Ⅱ部 Lifestyle-designer

try!

❶ 実習例を参考に，みずからのワードローブ・チェックをしてみよう。
❷ ワードローブ・チェックから，みずからのライフスタイルを分析してみよう。
❸ ワードローブ・チェックから，今後，どのようなことに注意し，購買したらよいか考えてみよう。

chapter 6 ファッション表現で自己プレゼンテーション

　本章では，「コラージュ」「モデル＆スタイリスト」を通して，自己表現，シーンの演出など，平面，あるいは空間でのプレゼンテーション能力を高める実習について説明する。

6.1　コラージュ

　コラージュとは，写真やイラストなどの部分や断片を組み合わせて貼り合わせ，独自の表現効果をねらう絵画技法である。ここでは，みずからが関心のあるテーマに基づき，コラージュを行う。それは，自己の表現，心の表現，ライフスタイルの表現につながるからである。以下，実際に作成された「コラージュ」をみてみよう。

■基本的なルール
　・B4 用紙にコラージュ
　・B5 用紙にコラージュの説明
　・コラージュ＆説明書をセットにして提出

　たとえば，「ジャポニズム」(図表 6.1.A) をテーマにしたコラージュの解説は以下の通りである。

「ジャポニズムは日本趣味のこと。19世紀のヨーロッパで起こった日本趣味ブームのこと。当時ヨーロッパに伝わった浮世絵などの日本の美術は，その自由な空間，平面的な構図，自然主義的な描写で強烈な印象を植え付け，マネやゴッホ等の印象派，イギリスのウィリアム・モリスなどの芸術家にも大きな影響を与えた。さらに，1860年のロンドン博に参加した日本が好評を博したことも相まって，当時のヨーロッパに東洋趣味，異国趣味ブームを巻き起こしたことで知られる。そして，今年はルイヴィトン，グッチなどもジャポニズムをテーマに展開している。このコラージュでは，日本人の忘れかけている和の心を表現するために，和の象徴である桜，和紙，竹などを使っている。癒される照明の暖かみや和の心を大切に，日本の伝統を強調し，テーマとしている。それに，僕の部屋が和室で，自分でも和の心や，「わび」，「さび」のある部屋，生活をしたいという願望をもっている」。

「バイク」（図表6.1.B）をテーマにしたコラージュには，次のような説明がついている。

「自分はバイクが三度のメシより好きと言うぐらいの"バイク馬鹿"です。このコラージュでは，春夏秋冬の四季が表す自然の美しさ，ツーリングで自ら行ってみたい景色をいろいろなアングルで表現しました。そしてバイクに乗るには知っておかなくてはならない，バイクの聖地である「マン島」を中央に配置することで，四季や地図を通して長い道のりであり，果てしなく遠く，絶対的な存在としてライダーを迎え入れる「王」であることを表現しました。バイクに乗らない人でも，日本の美しい風景，景色を見て，日本の大きさ，地球の広さ，なにかを感じとって欲しいです。それとともに，バイクという乗り物は，ハンドルを握る両手で風を感じ，背中で今まで走ってきた道のりの長さ，地球の大きさを感じるものなのだと理解

図表6.1 「コラージュ」の作品例

▲6.1.A 「ジャポニズム」 小幡勇介さん作

▲6.1.B 「バイク」 中西浩太さん作

第6章 ● ファッション表現で自己プレゼンテーション　51

▲6.1.C 「女性の"美"と"強さ"」 岩田佑樹さん作

して欲しいのです。左側にある一番大きなバイクは，日本が誇るスズキのGSX-Rというバイクで，公道バイクとしては，世界NO1の運動性能をもっています。「マン島」は島全体がサーキットになっているので，毎年6月には世界一の公道レースが開かれ，コラージュに貼られたバイクも参戦しています」。

「女性の"美"と"強さ"」（図表6.1.C）をテーマにしたコラージュでは，

「私が理想とする女性は，美しく強い女性なので，"美"と"強さ"をテーマにしてみました。女性が強さをもつことによって，さらに美しさに磨きがかかると思ったからです。女性をデザインするスタイリストが多いのも少しはわかるような気がします。反省点は，バックに白が多く残ったことです。バックにデザインの良いインテリアや綺麗な風景を取り入れたかったです」。

と説明がつけられている。

このように，コラージュは，みずからに語りかけ，みずからの関心事などを表現するツールとなる。また，コラージュを通して，みずからも気付かないうちに，夢中になって考える力を養っているのである。

6.2　モデル＆スタイリスト

コラージュは，個人作業を通した自己表現のツールであるが，「モデル＆スタイリスト」は，モデルのSWOT分析に始まり，テーマとなるシーンを演出しつつ，そのモデルの魅力を最大限表現するためのグループ作業である。その方法を以下に示す。

まず，クラス（あるいは，グループ）を1チーム7～8名に分け，各チームから1名モデルを選出し，モデル以外は全員スタイリストとなる。チームごとに秘策を練り，テーマを絞り込む。スタイ

リストたちは，モデルに潜在する魅力，顕在する魅力を引き出し，テーマを表現する。コンテストでは各チームが持点10点で相互に投票し，総得点100点（100点に満たない場合，100点を超える場合は，100点に換算）を競い合うことになる。ここでは，「発表する側」「投票する側」のどちらも体験できる。

　テーマは，コンパのシーン，映画のワンシーン，ロックバンドのライブシーン，バカンス気分でショッピングのシーン，結婚式のシーン，結婚式の二次会のシーン，お洒落なカフェのバイトの面接シーン，スポーツ観戦シーン，あるいはホテルでの食事シーンなどさまざまであろう。たとえば，ホテルでの食事シーンの場合でも，「彼氏の両親とディナー」と「仲良しグループでランチ」では，おのずと選ぶ服も，小物も異なってくる。

　このように「モデル＆スタイリスト」の実習によって，TPOに合ったスタイルの重要性・必然性が理解できよう。

■基本的なルール
・発表チームは，①テーマの主旨，②テーマの内容，③スタイル画＆ディテールの説明，④その他，強調したい点，苦心した点などをレポートにまとめ，解説する
・投票するチームは，得点の投票のみならず，なぜその点数を付けたのか，高い評価なら高い評価の，低い評価なら低い評価の理由を説明する

　では以下，2003年前期（近畿大学）に行った「モデル＆スタイリスト」でグランプリを獲得したチームの解説と，その評価を眺めてみよう。

　前面に金で鳳凰の刺繍が施されている真っ赤なロングのチャイナドレスで現れたモデル。チームのテーマは，「エミンコの結婚

図表6.2 「モデル＆スタイリスト」の実習例

＜解説＞
■主旨（＝強調したい点）
　日本で生まれ，日本で育ったエミンコ（中国人）だが，中国の文化を誇りに思い，結婚式でも母国の民族衣装であるチャイナドレスを着たいということから決まった。
■内容
　モデルは背が高く，足が長く，目が切れ長の美人，涼しい顔をしているがワイルド，色白で，チャイナドレスを女らしく，しかもワイルドで格好よく着こなせると思った。
■スタイル画＆ディテール
　赤のチャイナドレス，赤のビーズが施されたサンダル，スタッフお揃いの制服の説明とデザイン画。
■シーンの表現
　「ボディーガード」のテーマ曲が流れ，盛り上がりのところで，モデルが後ろから登場。
　花嫁を迎えるスタッフ全員の衣装は，結婚式の雰囲気をだすため，チャイナドレスを引き立たせるために，可愛いエプロンのついた白黒の制服。
■悩んだ点
　チャイナドレスに，小物を合わせるのが難しかった。普段チャイナドレスを見る機会がないので，シーンを考えるのに苦労した。これまでの発表では，モデルが前から登場していたので，全体が見えにくいこともあり，後ろからユックリ登場することを考えた。

＜評価＞
・モデルだけでなく，スタイリストも衣装を変え，結婚式の雰囲気が出ていて良かった。
・音楽とモデルの登場がピッタリと合っていました。
・結婚式というと真っ白なドレスを想像していたが，赤いチャイナドレスも派手でなく，モデルの良さを引き立てていたので良かったです。
・結婚式の演出に，細かいところまで設定と演出があってよかったです。
・スタイリストのみんなやモデルさん，全体の雰囲気が『結婚式』のテーマに合っていたと思います。
・後ろから入ってくることや，音響，曲とチャイナドレスのギャップ，今までの発表で感じたことを活かして表現していたのが良かったです。
・頭のワンポイントの小さな花も良かったです。
・モデルが，赤のチャイナドレスに負けないような，本当に着こなしている感じがあって良かったです。
・初めに，「すごい！」と感じました。今までの発表で唯一，モデル以外も着替えてたのも良かったし，音楽の強弱（登場シーン，解説シーンの音楽の強弱）やムードも良かったです。赤のチャイナドレス，金の刺繍がモデルにピッタリと合っていて良かったです。
・中国の国籍をもつモデルの誇りみたいなものが，伝わってきました。
・斬新で良かった。綺麗やった。本物やった。

式」である。

　こうした評価システムは，「発表する側」「投票する側」ともに刺激となり，課題へのモチベーションが高まっていく。

try!

❶　実習例を参考に，みずからの関心のあるテーマについて「コラージュ」をしてみよう。

❷　身近で，容易な「モデル＆スタイリスト」として，たとえば，友人，知人，家族などと，普段のファッション（実習例や第1章図表1.5を参照）や特別なときのファッション・スタイル（テーマを持たせて）についてお互いにチェックしあってみよう。

❸　あなたが，自分をもっとも表現している場面はどんな場面ですか？　あるいは，自分をもっとも表現していると思うことは何ですか？　"自分らしさ"の表現ツールについて考えてみよう。

chapter 7 ショップ選びのマーケティング・リサーチ

7.1 生活者視点の店舗調査

お店で買物をしたり，ヘアーサロンでカットやパーマをしたり，私たちは，日常的に商品やサービスを購入している。そのプロセスは，第1章で述べた通り，十人十色，一人十色，多種多様である。そのような購買のプロセスの中で，私たちは，可能な限り満足する商品・サービスとの出合いを期待している。だが，いざ購入する段になると，満足する気持ちとともに，ふと，『なぜ？』と疑問に思ったり，不満に思ったりする場合も少なくないのではなかろうか。本章では，まず，このような商品・サービスを購入する生活者の視点から，店舗を分析し，さらに，立場をかえ，分析する生活者自身がお店の経営者なら今の状況をどのように発展させるべきかを考えてみよう。

7.2 店舗調査の内容

店舗調査の内容は，以下の通りである。

■基本的なルール
1．プロフィール〈その1〉として，①店舗名，②業種，③概要，④店舗を選んだ理由を記入する
2．プロフィール〈その2〉として，①場所の提示（地図，あるいはビジュアルな説明），②立地環境1（駅前，商店街，SC内，住宅街，ロードサイドなど），③立地環境2（店舗が位置している周辺の状況）を記入する
3．店舗の現状分析（①店舗の強み，②店舗の弱み，③店舗の機会，④店舗の脅威）を記入する
4．提案（自分がお店の経営者なら，今の状況をさらに良くしていくために何をするかを1～3と対応させながら説明）を記入する
5．表紙を含めA4用紙4枚以上

1（店舗名，業種，概要，店舗を選んだ理由），2（立地）は，選んだ店舗のプロフィールであり，3（強み，弱み，機会，脅威）は，第1章で説明している自己分析を店舗に当てはめたものである。この1～3にかけては，生活者から店舗を眺めた生活者の視点であり，4の提案は，その生活者視点の分析を受け，みずからが経営者になった気持ちで，客観的に，店舗の今後の取り組みを提案するものである。

7.3 店舗調査事例

　ここでは，7.2に基づき作成された「店舗調査」の作品例をみてみよう。

　「店舗調査」をきっかけに，改めて店舗を見直すことにより，日頃，漠然と眺めていた店舗への関心が高まる。とりわけ，バイト先（両親が経営しているものも含む）などを分析対象にした場合，『どうすればより良くなるか？』を考えることにより，それまで消極的であったバイトへの意識や行動が積極的になり，さらに楽しみながら働くことができるなど，「店舗調査」実施の効果は，単なる分析に留まるものではない。

　ここでは，対象とした店舗を顧客として利用している事例（図表7.1）をみてみよう。

　店舗名は，「カフェ ブレーク 千里セルシー店」。業種は喫茶。店舗を選んだ理由は，分析者の趣味が喫茶店でコーヒーを飲みながらゆっくりすることで，対象の店舗の雰囲気が好きだからである。「カフェ ブレーク 千里セルシー店」は，千里中央駅前，千里セルシー（ショッピングセンター）地下の映画館や飲食店が集っているフロアーにある。この「店舗調査」の特徴（魅力）は，分析者が常に利用している店舗と，周辺の同業他社（スターバックス，ドトール）とをいくつかの要素で比較検討し，SWOT分析の内容も含め，提案が示されている点にある。

図表7.1 「店舗調査」の作品例

①店舗名、業種、店舗を選んだ理由

●店舗名　　　「カフェ ブレーク　千里セルシー店」

↳店舗ロゴ

●業種　　　喫茶

●店舗を選んだ理由

1. 私の趣味が喫茶店でコーヒーを飲みながらゆっくりすることなのですが、ここの雰囲気が好きでよく行っているからです。
2. 現状分析のところで詳しく書きますが、近くにスターバックスコーヒー、ドトールコーヒーがあるのですが業種、立地条件、価格、商品等が似ていて比較分析をするとおもしろいのでは、と思ったからです。

②、③ 立地

住所：大阪府豊中市新千里東町1-5-2-B1
電話：06-6834-5941

店舗がある環境としては北大阪急行・地下鉄とモノレールの2つの駅があり、かつ千里セルシー、せんちゅうパルという2つのSC（ショッピングモール）があります。また大丸と阪急百貨店が近くにあるという立地条件です。しかも住宅地が駅周辺に広がっており、千里セルシーは日本最大の屋内型中華街があります。そのため休日にはたくさんの人がこのあたりを訪れます。

●北大阪急行・地下鉄御堂筋線「千里中央」駅からの行き方（徒歩1分）
1. 北大阪急行・地下鉄御堂筋線「千里中央」駅南改札の左側の出口を出る。
2. そのまま道なりに歩くと右手にカフェブレイクのロゴが見える。

● モノレール「千里中央」駅からの行き方（徒歩3分）
1. モノレールの改札を出て100mほど真っ直ぐ歩くとエスカレーターがある（マクドナルドが目印）のでそれを下りる。
2. エスカレーターを下りると左手に八千代ムセン系列のナカヌキヤという電気屋があり、その向かいにローソンがあります。そのローソンのすぐ近くに地下鉄に向かう階段があるのでそれを下りる。
3. 階段を下り、右側（地下鉄の改札と反対方向）に歩く。
4. すぐ右手にある店が「カフェ ブレーク　千里セルシー店」です。

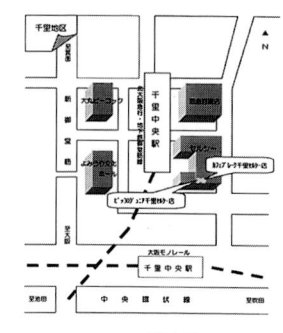

周辺地図

④立地条件（店舗が位置している周辺の状況）

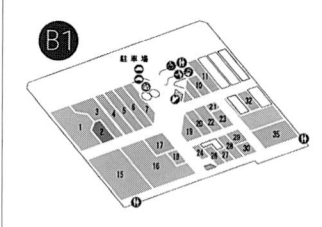

1 映画館千里セルシーシアター　2 クイックマッサージリフレッシュ工房オズ
3 イタメシヤ ラ・バウザ　　　4 地酒とそば・京風おでん 三間堂
5 カジュアルレストラン グルメ　6 ちゃんこ鍋 立浪一番
7 ティーテリア ダーリン　　　10 そば処 美松
11 浪花ろばた 八角　　　　　　15 パチンコ サンエー
13 パチンコ しんせい　　　　　17 てんぷら 翻天
18 カレーハウス ピッコロジュニア　19 カフェ ブレーク
20 お好み焼き・鉄板焼き 千房　21 やき鳥・とり鍋 たきち
22 焼肉 鷹ヶ巣　　　　　　　　23 酒家 鷹ヶ巣
24 ラーメン・蒸まん ギめん　　26 たこつきゃ 和楽路屋
27 串専門店 串亭　　　　　　　28 とんかつ とんかつ鷹ヶ巣
29 サントリーラウンジ 十八番館　30 洋酒スタンド 墨羅馬亭
32 舶来居酒屋 梨羅　　　　　　35 ファミリーステーキハウス フォルクス

⑤店舗の現状分析
● 想定市場の選定
カフェ ブレイクのターゲット
→見た感じではあまりきっちりできていない感じがします。あえて言うのであれば20歳～30歳ぐらいの仕事をしている人（男女問わず）だと思います。近くにビジネス街があるのも要因でしょう。

● SWOT分析

強　み	弱　み
・メニューが豊富 ・店内が明るく開放感がある ・完全禁煙の店が多い中、喫煙席がある ・ヘルシーなメニューを多く扱う	・価格が少し高い ・ブランド名が弱い ・メニューが豊富だが、わかりにくい ・宣伝が弱い ・席が大きくても4人席までしかない
機会（成長要因）	脅威（成長を阻害する要因）
・駅前なので人が多い ・ビジネス街もあるので客層を絞りやすく、固定客を作りやすいのでは、と思います。	・似た業種のスターバックスコーヒーとドトールコーヒーが近くにある ・地下鉄利用者にはわかりやすくてもモノレールの利用者などには場所がわかりにくい ・似た業種だけでなく違う業種の飲食店も多数ある

●似た業種であるスターバックスコーヒー、ドトールコーヒーとの比較
以下　スターバックスはS、ドトールコーヒーはD、カフェ ブレイクはB
・メニュー数　　　　　D＜S＜B
・外観のよさ　　　　　D＜B≦S
・価格　　　　　　　　B≦S＜D
・フードメニュー　　　S＜B＜D
・ブランド（店名）の知名度　B＜D≦S
・喫煙　　　　　　　　S　不可　　D、B　一部可
・人の通り　　　　　　D＜S≦B
・人気　　　　　　　　B≦D＜S

⑥提案
1. 価格の見直し
2. 6～8人用の席を作る
3. メニューをわかりやすく、簡略化する
4. 宣伝が弱いので、地下だけでなく地上のほうにも何か宣伝する
5. ブランド力ではスターバックス、ドトールに劣るので他の飲食店の共同で何かイベントなどをする
6. フードメニューの強化、ヘルシーなものだけでなくお腹にたまるものも少し用意する
7. 喫煙席に空気清浄機を設置する
8. ターゲットを絞る→3つほどに分ける→それぞれに合わせた新メニューを作る
9. もう少しセルフの具合を増やし、作る楽しさを与える

▲7.1　増田義明さん作

try!

❶ 実習例を参考に，みずからの関心のある店舗について「店舗調査」をしてみよう。
❷ できれば対象とした店舗の経営者にヒアリングしてみよう。
❸ あなたが日頃利用している店舗をいくつかあげて，なぜ利用しているのかその理由を考えてみよう。

Part III Lifestyle-designer & Corporate-designer

8 chapter ホームライフとファッション・マーケティング

8.1 所有する空間から暮らす空間へ

「家に帰ると，ホッとする」。これはすべての人々の共通した意見ではなかろうか。どんなに忙しい1日を過ごしても，家に帰ると，落ち着き，心が癒される。我が家は居心地の良い私たちの「第3のスキン」（2章2.2参照）といえる。

最近，書店に行くと，ライフスタイルやインテリアの雑誌が所狭しと並べられている。どうやら「我が家」に対する生活者の意識が，家を持つから，家で住まう，暮らすという方向へ変化してきているようだ。中でも，インテリア，家，リフォームをテーマにした記事が多くなっている。生活者は，化粧品，シャツや歯ブラシと同じような感覚で家を考え，住まうことはファッションの一部になっている。住空間にもお洒落感を大切にしたいと思う人々が増え，その現象は，老若男女に関係なく起こっている。

住空間に対する生活者の意識の変化は，気分転換を図るため，私好みに，など個人的なニーズによるものもあれば，家族構成の変化などから生じる必然性の高いニーズによるものもある。たとえば，結婚し夫婦2人の生活から，子供が生まれ，子供が成人すれば結婚や就労などの理由から別居する。あるいは，最初から，あるいは途中から，夫婦の両親と同居するケースもあるだろう。

また，一人暮らしを謳歌したいという若者も増えている。こうした家族の人数という規模的な変化だけでなく，質的な変化・進化が住空間に対する生活者の意識をも変化させているといえよう。それは，たとえば，高齢者のみならず誰にでもやさしい住居への必然性から求められた床・階段・廊下の手すりの取り付けなどのバリアフリー化などである。

8.2 私好みの暮らしと企業の取り揃え行動

『移動式パネルで，取り外し自由な壁一面の備え付けの棚があり，天井の高い開放感のある部屋に住みたい！』

現在，東京をはじめ各地で，オフィスビルの空き床，空き店舗が続出している。また，こうしたオフィスビルは都心に多く存在する。この空間を住居にできないものだろうか？──そうすれば，通勤時間，買物，外食，稽古ごと，その他生活のサポートなど，単純に考えても便利な住居となるだろうに……。また，オフィスに使用していた空間は，天井も高く，床面積にかかわらず開放感がある。外国映画に出てくるアパートメントのような感覚で，壁一面天井までの棚（パネルは縦横移動自由），備え付け家具があれば，開放感あふれる快適な居住空間になる。しかし，現状では，法的な規制，また水周りなどの改修工事にかかる費用対効果など，オフィスから住居への転用は難しい問題を抱えている。こうした理由から，現在，リサイクルの時代であるにもかかわらず，生活者のライフスタイルにあわせ，これまであるものを新しい発想で用途変更する試みは少ないのである。20世紀にオフィスとして大活躍した空間が，21世紀も同じように活躍するとは限らない。これまでは成立していたものでも，今機能不全を起こしているモノ，コトは沢山ある。「住」の側面でも，生活者のライフスタイルを考えれば，新しい感覚で保存と再生が可能になることも多いだろ

う。

　だが，企業もこうした状況を傍観しているわけではない。"私好みの暮らし"を求める生活者に向けて，外観，内装（住宅），備品など（雑貨等住居関連産業）を提供する住宅関連産業は，生活者の意識の変化に適応しようとさまざまな提案を試みている。

　いまや生活者は，みずからがみずからの好みに応じた商品・サービスを取り揃え，みずからがセレクトショップ，生活デザイナ

Afternoon Tea ▶

（写真提供）
㈱サザビー

◀ Franc franc プロデュースの住空間の一例

（写真提供）
㈱バルス

第8章　ホームライフとファッション・マーケティング　67

ー，生活プロデューサーとなっている。そうした生活者に向け，家具の輸入販売からスタートして，生活者に新しいライフスタイルを提供している「㈱サザビー」（創立30年，主力ブランドの生活雑貨「アフタヌーンティー」も20年を迎えた），クオリティ（質）の高いデザインが人々の生活を向上させるというポリシー（方針）を具現化した商品を販売する英国の「ザ・コンランショップ」（新宿本店，1994年日本1号店），都心に住む25歳独身女性の住空間をサポートする「フランフラン」（1号店は1992年天王洲アイルにオープン）など，高質，高感性な住空間をサポートする企業も続出している。

　また，こうしたお洒落な生活雑貨を扱う企業が小規模な分譲住宅を建設し，即日完売という現象も起こっている。さらに，住宅が変われば，設備も変わらなければならないという発想から，東京ガスハウジングでは，リフォームにも力を入れ始めている。

8.3　生活デザイナーと空間デザイナー

　「まるで，外国のカフェのような」「高級ホテルの部屋のような」内装にこだわった，そして，デザイナーの感性を打ち出したデザイナーズマンションが大阪市内でも登場している。ファッションのような感覚で自分に合った住空間を楽しみたい女性に人気が高い。こうしたデザイナーズマンションは，新築マンションのみならず，築15〜30年の中古物件を改装した賃貸物件にもみられる。改装に際しては，お洒落なレストランや店舗，オフィスなどの斬新なデザインを手掛けるインテリアデザイナーが設計する。

　こうした企業の動きは，生活者のファッション感覚を重視し，そのライフスタイルを自社の商品・サービスを通して，あるいは自社がターゲットとする生活者のライフスタイルを具現化できる他企業とのコラボレーションが可能にしたものであり，まさに，企業のファッション・マーケティングといえる。

try!

❶ あなたが今,住んでいる部屋の,簡単な見取り図と雰囲気を書いてみよう。
❷ 部屋づくりで,今,あなたがもっとも欲しいものは何ですか?
❸ 今後,どのような部屋(住宅)に住みたいですか? それはなぜですか?

9 chapter ホテルライフとファッション・マーケティング

　私たちがホテルを利用するのは、どんなときだろうか。旅行、ビジネスで泊まるとき、ちょっぴりかしこまって食事をするとき。あるいは、結婚式、個人・法人が主催する各種パーティ、企業の催し、ホテル主催の文化教室、エステサロン、スポーツ施設、音楽会・講演会などのイベント、その上、最近では、スーパー、デパ地下（デパートの地下街）と同じ様な感覚の惣菜コーナーの出現、あげてみると結構ホテルを利用する場面が多いことに気付く。他方、ホテルもさまざまなタイプがあり、利用者側のニーズにあわせようと、ハードに、ソフトに、努力を重ねている。

　ところで、ホテル経営に関しては実践から理論を構築し、新たな日本型ホテル経営を提唱している大阪学院大学流通科学部仲谷秀一教授は、ホテルを「まちのなかのまち」とし、一部の都市型ホテルを除き、地域密着型のコミュニティ・コアであり、生活文化の情報発信基地でもあると指摘する。アメリカではホスピタリティ産業に位置付けられているホテルは、生産から消費までの流通を担っており、その多岐にわたる事業領域は、他産業のどのような企業の経営にも通じるものがあり参考になることも多い。

　そこで、本章では筆者の経験をもとに、ホテルライフからファッション・マーケティングを眺めてみよう。

9.1 ホテル・デザインとホスピタリティ

　ホテルは宿泊や宴会という機能的な目的のみならず，1つのエンターテインメントを演出する舞台装置であり，ファッショナブルな空間である。また，そこで働く人，利用する人までもが，その舞台，空間を創造し，ホテルのお洒落な雰囲気を醸し出しているのである。

　以下では，顧客も舞台の一員となり，ホテルの雰囲気を高めていること，さらにその舞台に相応しいホテルマンのホスピタリティを，フランスのホテルを事例に語る。

■ホテルのホスピタリティ

　『アメリカン・コーヒーください！』
　パリとバルビゾンの中間に位置するVIP専用ホテルの中庭にあるカフェでの一コマ。

　同行していた旅行仲間四人の視線が一斉に私に向けられた。それはまるで，『何をムチャな注文を！』と，私の発言を戒めるような雰囲気だった。

　『何か悪いこと言ったかしら？』それまで，イタリア，スペイン，フランスとリゾート研修旅行を重ね，濃い目のコーヒー（エスプレッソ）に限界を感じていた私は，『ひょっとして，叶えてくれるのでは？』という期待を込めて，冒頭の注文をしたのである。

　でも，さすが紳士のグループ。大手建設会社の開発室に勤めるAさんが，私のささやかな願いを，注文を受けにきたギャルソンに伝えてくれたのである。

　その内容を聞いたギャルソンは，彼にわかったというしぐさをするとともに，私の方を向いて，ニッコリと微笑み，少し待っていてくださいと。

　待っている間，ふと，庭に目を向けると，コテージの前にあるプールでは2組の男女が水浴を楽しんでいる。なんと！　女性二人は，全裸。でも，全裸にもかかわらず，戯れている様子は，まるで映画をみている

ように美しい。聞くところによると，その二人の女性はフランス人の女優だとか。なるほど！　森の中に，ひっそりとたたずむ低層のホテル，表からは想像もつかないほど広い中庭，瀟洒なコテージに，水と戯れる紳士淑女。場の雰囲気，人物，これらがすべて「絵になる光景」なのである。私の日常の生活からは想像もつかない華麗な世界を垣間見，その光景に酔いしれてしまった。『あああ，来てよかったぁ～』と思った。何者にも代えがたい風景，光景との出合い。旅の感動とは，このようなものではなかろうか？　それは，見知らぬ土地で展開されるさまざまな生活を「観劇」したときの喜びに通じるものがある。

　ぼんやりそんなことを思っていると，やってきましたギャルソンが！
　大きな銀製のお盆の上には，タップリと熱いお湯が入った銀製の大きなピッチャー，銀製のミルクピッチャー，そして，小さな白磁のコーヒーカップには，あのエスプレッソが……ふとみると，その横には，モーニングのときに使うのだろうか，大きな白磁のコーヒーカップが，これまた温かくして，お盆の上にのっていた。
　ギャルソンは，私に向って，これをあなたの好みに薄めて飲んでくださいと。
　もう，女王様になった気分！　感動して，はしゃいでしまった私。何度も，何度も，感謝の気持ちを表すと，ギャルソンも顔いっぱいの笑顔で，「喜んで頂けてよかった，でも，これは僕の仕事，気にしないで」『でも，気ままに立ち寄ったホテル，なのにどうしてここまでしてくださるの？』それを察してか，そのギャルソンは私に，「お客さまの願いに応えるのは私の仕事，そして，私は，この仕事に誇りを持っています」。そうはっきりと言い放った彼の姿はとてもりりしくみえた。
　そして，おそらく，私の注文を叶える為には，彼だけでなく，それを受けて準備するスタッフにも，その意向が伝達されていなくてはいけないのではなかろうか。そう思った瞬間，ホテルサービスのシステムが機能的ではなく，その場を存分に楽しもうとする快楽的消費を伴う「ホスピタリティ・マネジメント」として提供されていることに，深く感動した。慇懃無礼でもなく，高圧的に押し付けるでもなく，また，自己満足からサービスを提供しているのでもなく，彼は，ビジネスマンとして，顧客満足を第一に，遊び心を盛り込んだ心憎いホスピタリティ溢れるサ

ービスを提供してくれた。
　彼の徹底したビジネス魂は，それまでの私のサービスに対する考え方を大きく変え，私に爽やかな満足とはどのようなものかを教えてくれた。
　その後，日本に帰って，ホテルを利用してみた。
　どうも，違和感があって，堅苦しい。
　私の第３の空間であるはずなのに，気が抜けないような気がする。
　かしこまってしまい，気軽に会話ができない。
　かと思えば，何のためにいるのか，フロアーに突っ立ったままの人形のようなホテルマンもいる。そんな一人ひとりのぎこちなさが，ホテルライフをつまらないものにしている。
　もちろん，ホテルのお得意様になれば，交流も深まり，親密度も増すのであろうが，私は，単発に訪れるその他大勢の口。
　ただ，ハードの立派さを強調しているかのようにみえるサービスが，実は，受け手にとっては，疲れるだけのサービスということもあるのだ。そのサービスは，『また，来てみたいなぁ』と思えるようなものではない。
　なぜだろう？
　きっと，フランスのホテルで経験した爽やかなサービス，ワクワクするようなサービスは，これまで「仕事人間」と呼ばれてきた日本人の「真面目さ」からは，生まれてこないような気がする。文化が違うといってしまえばそれまでだが，海外旅行経験者が増え，"ほんまもん"のサービスに気付いた日本の消費者が，はたして満足するホテルがいくつあるのだろうか？　環境は変わり，人の価値観も変わっているのに，多くの場合，日本のホテルサービスは依然として昔のままである。
　たしかに，日本のホテルマンが身に付けている技術や技能は，海外に負けないくらい，優れている。ただ，それをことさら強調し，披露されても，こちらはちっとも楽しくない。
　ここに登場するギャルソンは，身のこなしも，持っている雰囲気もスマートで自然，決して，相手に負担を感じさせない。それでいて，むしろ，驚きと感動を与えてくれる。まさに，プロの技というべきだろう。
　日本のホテルマンは，自分自身が感動すること，楽しむことに，もっと時間とお金を使うべきだ。そして，遊び心を持つことに，もっと貪欲になって欲しい。みずから感動することのない人は，人（他人）を感動さ

せることができないからだ [20]。

9.2　ホテル・ブライダルにみる生活価値創造

　　ここでは，ターゲットとなる生活者のライフスタイルにあわせ，高感性なブライダル戦略「ライフスタイル・ウエディング」を展開している外資系ホテルのファッション・マーケティングをみてみよう。

■ブライダルターゲットにみるライフスタイル志向
　　「この器，買えるんですか？」
　　「とてもおしゃれなんで，新居で使いたいんですが……」
　　「新居の雰囲気にも合うし……」
　　ブライダルの打ち合わせをしていた新婦の質問である。
　　傍で聞いていた新郎も，大きくうなずいている。
　　ここは，ハイアット・リージェンシー・オーサカ（大阪市南港，以下ハイアットと記す）のブライダル・サロン。
　　新婦から質問のあった器は，ハイアットがブライダルの打ち合わせのお客様に用意しているクッキーとケーキの入れ物。ハイアット・カラー

◀ハイアット・リージェンシー・オーサカ

（写真提供）
ハイアット・リージェンシー・オーサカ

の黒を基調に，モダンなゴールドの模様が入っている。シックで落ち着いた雰囲気のサロンに相応しい，備品としての器であり，非売品である。このようにハイアットでは，ハード，ソフトを含め，空間，それ自体がライフスタイルの提案になっている。

　ハイアットでブライダルを希望する人々の多くは，20代後半から30代前半である。彼らの多くは，やみくもに高級ブランドを志向するというよりも，むしろブランド品をみずからのファッションとしてさりげなく身に付け，シックな中にも感性豊かな生活を志向している。そう！これがハイアットのターゲット層なのである。彼らは，みずからの価値観とともに，物事の本質を見極め，希求水準の高い生活をおくっている。それゆえ，ブライダルに対する意識も高く，個性化・多様化されたとはいうものの，画一的な既存のプランでは満足できない層なのである。こうした高感性な客に対して，ホテルの受け入れ態勢も，華美ではなく高度に整備されている。

■ブライダル・ビジネスを極めるチーム内コミュニケーション
　　「新規のお客様がいらっしゃいました！」
　　「わかりました！」
　ブライダル・サロンの控え室にある事務所で，受付を担当するアテンダントの連絡に，スタッフが即答し，必要な書類を持って颯爽とサロンに出向く。驚いたことに，それまで真剣な眼差しで机に向かっていたスタッフの顔が，事務所からサロンへ通じる通路では，すでに客に向けられたホスピタリティ溢れる笑みで一杯になっている。役割に応じて気分の切り替えをし，ホスピタリティを伴うエンターテインメントが演出できているのである。そして，すべての担当者がこうした表現力を十二分に活かし，高感性な客に向けて，クオリティの高いさまざまな商品・サービスを提供している。また，スタッフそれぞれが客に対する絶対的な責任感を持ち，時には他のスタッフが適切に機転を利かせフォローする。一人ひとりのスタッフの仕事がスムーズに遂行されていくために，スタッフ間におけるコミュニケーションが徹底されている。このコミュニケーションこそが，打ち合わせ中の既存の客への対応のみならず，新規の客獲得にも威力を発揮する大きな原動力なのだ。

これまでハイアットでは，友人の披露宴がきっかけになるなど，客の口コミによる集客が主であった。2002年春から，さらに認知度を高めるために，一般に向けブライダル関連雑誌などによる情報発信を強化した。その甲斐あって，夏の週末には，新規の客が予約（打ち合わせ）の客を上回るほどの勢いで来館するようになり，成約率も高い。雑誌の広告をみてやってくる客の多くは，口コミの場合と異なり，他のホテル，結婚式場などを事前に見学し，見積もりを済ませている場合も多い。そうした客の心を動かし，「決断」させるのは，一人ひとりのスタッフの優れた能力とブライダルチームにおけるコミュニケーションが成す技といえる。

■ハイアット・ブライダルにみる生活価値創造

　現在，ブライダル市場では生き残りをかけて，ハウスウエディング，レストランウエディング，ホテルウエディングの各分野で，個性的で，独自性のあるブライダルが提案されている。ただ，これらの提案は，料理やその他の提供する商品に限界があるため，総合的な空間デザインを演出するという点において問題も多い。

　だが，ここで示すハイアットのブライダルは，「Life Style Wedding」と名づけられ，近年の新たなブライダル市場とは一線を画そうとしている。500組を限定に提供されるブライダル商品は，ライフスタイルにこだわりを持つ感性の高い生活者のブライダルへのニーズにホテルが着目し，テーマごとに異なった個性を持つ4つのブライダルスタイルを提案している。それぞれのブライダルスタイルでは，料理，テーブルコーディネートなどの装飾のみならず，壁画，会場空間のアレンジ，調度品に至るまで結婚式に始まる今後のライフスタイルをイメージし，それを客が体感できるものである。

　ハイアットでは，2003年8月3日（日）にブライダル・フェアを開催した。そこで提案された4つのブライダルスタイルは，フレンチバロック様式の曲線美にモダンテイストを取り入れた「Roccobaroque」，21世紀のスタイリッシュさに，アールデコタッチのモダンな趣をバランス良く取り入れた「Modern Deco」，アジアの楽園をテーマに，自然の恵みを基調とし，癒しとくつろぎの空間を演出する「Sanctuary」，都会的な造形美と，均整の取れたシンプルな空間を演出する「Urban

Chic」である。新郎新婦にまず提供するブライダル・キッドも従来のものとは明らかに一線を画している。夢があり華やかだけれど平面的な他ホテルのパンフレットとは異なり、ハイアットのキットは、形状のみならず、五感に訴える立体的なものである。黒布を張ったシックな小箱を開けると、ほのかに心地よい香りが漂ってくる。箱の側面には4つのブライダルスタイルをイメージさせるハーブの香り付きキャンドルが4個並べられ、傍には総支配人からのメッセージに始まり、4つのブライダルスタイルを説明した冊子が重ねられている。

　ブライダルは新郎新婦二人にとって人生最大のイベントであり、結婚式の当日も、それに至るプロセスも、日頃の生活スタイル、価値観が凝縮され表現される時間と空間なのである。したがって、提供側の企業に

◀ ハイアットのブライダル・キット

図表9.1　ハイアットのブライダル・キットから

Inspired Life Style Wedding
ハイアット・リージェンシー・オーサカから誕生した，
新しいウエディングブランドです。
世界のモードにインスピレーションを散りばめた演出は，
セレブリティが好むプライベートなライフスタイルそのもの。
この斬新でドラマティックな空間は
選ばれたお二人のために，細部に至るまでトータルデザインされています。
主人公のお二人にとっても，招かれるゲストの方々にとっても
豊かなウエディングの時間をお約束します。

▼ ハイアットの4つのブライダルスタイル

Roccobaroque

Modern Deco

Sanctuary

Urban Chic

（写真提供）
ハイアット・リージェンシー・オーサカ

第9章　ホテルライフとファッション・マーケティング

は，これまでの形式化されたブライダルスタイルとは異なる，衣食住余暇を総合的に表現するファッションとしてのブライダルスタイルへの提案が望まれる。それは，高級なものから高質，高感性なものへの転換であり，価格志向を取り入れたシンプルで，カジュアルなスタイルである。そして，そのブライダルを客とともにつくり上げるスタッフにも，高感性な対応が求められる。

■ 21世紀，ブライダルの最先端をいくブライダルマーケティング戦略

1997年のBIAブライダルコーディネーター養成講座で，当時総支配人として活躍していた大阪学院大学仲谷秀一教授は，みずからの弱みにこだわるあまり，他への追従に明け暮れ，戦略を持たないホテルに対して，自社の優位性をもう一度再認識し，自社独自の戦略ドメインでの競争力を強化することの重要性を指摘している。

ハイアットの横山健一郎総支配人は，「これからご結婚されるお二人はどのような方でしょうか。日本の文化にはぐくまれながら，さまざまな体験を通して，世界各国の素晴らしいアートや文化にふれられる機会を多くお持ちではないでしょうか。ご自身のセンスやスタイルを磨き，身に付けられる中，何気ない立ち居振る舞いや，用いられる言葉，共感を抱かれる映画や小説。すべてがあなたのスタイルとしてお選びになったものでしょう。そんなお二人のライフスタイルにふさわしい洗練されたウエディングスタイルをハイアットは提案して参ります」と語っている。ホテルの経営資源の最適化を図り，ハイアットがターゲットとする感性の高い生活者に向けて，「Life Style Wedding」を提案している。まさに，ハード・ソフトにおいて自社の優位性を発揮した戦略的なブライダルマーケティングといえよう［21］。

try!

❶ あなたはどのようなときに，どのようなホテルを利用していますか？ また，今後，どのようなときにホテルを利用しようと思っていますか？

❷ あなたのお勧めのホテルは？（誰に，どのホテルを） また，それはなぜですか？

❸ 『ホテルでこんな取り組みをしたらおもしろい』など，新しいホテルビジネスとして，どのようなことが考えられますか？

10 chapter シティライフとファッション・マーケティング

　「あなたが住んでいるまちって，どんなまち？」と尋ねると，多くの人々は戸惑ってしまう。日頃，何気なく住んでいるまち。関心のある一部の人以外，ほとんどの人々は，住んでいるまちに無関心である。ところが，魅力やそうでない部分を尋ねていくうちに，潜在するまちへの意識が芽生えてくる。「住めば都」，どんなまちも，住んでいる人々にとっては，愛すべきまちなのである。

　また，まちは生き物である。木，花などの自然が，日々成長，衰退を繰り返し，循環しているように，まちも日々，変化している。こうして変化するまちは，取り巻く経済環境，社会環境，自然環境などの影響を受けながら，そのまちで暮らす人々，仕事や観光で訪れる人々によってつくり上げられている。

　心地良いまちとは，どのようなまちなのか。それはそこで暮らす人々によって決められる。まちづくりにマーケティングが存在するならば，その主体は，そのまちで暮らす人々である。そのまちで暮らす人々の意識，価値観，ライフスタイルをソフト，ハードの形に表すのが，まちづくりにおけるファッション・マーケティングといえる。

　先日，ドイツ（ケルン）に滞在している友人から，メールが届いた。そこにはケルンでのカーニバルの模様が語られていた。毎年2月の第2週，もしくは第3週木曜日に始まり，次の週の火曜日

まで，まち中でお祭り騒ぎ，大騒ぎが続く。カーニバルの内容や添付された映像をみながら，ふと，ねぶたやだんじりなど地域住民に人気の高い日本のお祭りを思い出していた。文化は異なっても，お祭りにかける人々の思いは同じではないかと思う。ただ，ケルンの場合，観光客200万人，パレードに参加した人は1万人，団体は44団体，ケルンや近隣都市，近隣外国から参加した楽団は120楽団，パレードに参加した500頭の馬，そして，投げられたお菓子の総重量は140トン，投げられた花は30万本，これがすべて参加者の個人負担だというから，その意気込みは想像に絶するものがある。ケルンでは，まちに住む人々すべてがカーニバルを楽しみ，観光客もそれを楽しんでいる。まず住んでいる人ありき，という発想のケルンのカーニバルは，まさに，まちづくりにおけるファッション・マーケティングといえよう。

　そこで，本章では，筆者が生まれ育ち，現在も住んでいる神戸のまちをテーマに，まちの変化，生活者の変化からファッション・マーケティングを考えてみたい。

■ファッション都市神戸

　「あっ，ターバンだ，サリーだ！」
　子供の頃，神戸のまちを歩いていると，いろんな外国の人々に出会った。当時は，それぞれの人々が，どんな国の人かわかるようなファッションで歩いていたように記憶している。ただ，欧米の場合は判別できなかったが。
　インド人，中国人，韓国人，イギリス人，イタリア人，フランス人，アメリカ人など。今考えると，子供の頃の方が，世界のいろんな国々の人々と出会う機会が多かったように思う。当然，まちには，そうしたさまざまな外国の人々が生活していくためのお店があった。私が住んでいたのは花隈。だから，子供の頃，記憶にある神戸のまちの風景は，元町，三宮，北野に限定される。

よく遊びに行ったのが，薬と雑貨を扱っていたトアロードの雑貨店。みるものすべてが珍しく，ユニークで楽しかった。『これ，何に使うの？』と思うようなものが置いてあったように思う。わからないなりに，そうした商品を通して異文化を共有していたのかもしれない。小学校の頃，アルミでできたカラフルな「ランチ・ボックス」が流行していて，それをみに行っては，両親にせがんでいた。思えば，子供の頃のこうした商品を通した外国文化との出会いが，今の私の消費にかなり影響を与えているのかもしれない。

　その頃，元気だったお店は，現在，一部を除いてほとんどが姿を消した。なぜなら，それまで住んでいた外国の人々が徐々に少なくなり，その上，似たような新しいお店が増えてきたからだ。でも，今も「神戸の老舗」として健在なお店もある。そうしたお店は，これからもずっと生き続けて欲しい。なぜなら，そこに"神戸"が息づいているから。

　ただ，これは単なる私のわがままかもしれない。今にも「息づいて欲しいなら利用して！」という声が聞こえてきそうだ。

神戸のまち ▶

（写真）
筆者撮影

第10章　シティライフとファッション・マーケティング　　85

私が子供の頃，まち行く女性は思い思いにおしゃれを楽しんでいたように思う。たとえば，私の母などは，目と鼻の先の三宮や元町に出かけるときでも，「よそ行き」(外出着)と称して，つばの広い帽子に，ワンピースやスーツ，そしてスカーフなどの小物をさりげなく身に付けていた。子供心に自慢の女（ひと）であった。それが今では，週5日はスイミング・スクールに通う70代半ばの"おばあちゃん"。そのファッションといえば，頭がすっぽり隠れる帽子に，Tシャツとパンツとスニーカー。「これが一番楽」だという。『昔のステキなママはどこに行ってしまったの？』ちょっぴり淋しい気もする。そんな母も，お友達と食事に行くときなどは，少しぐらいおしゃれをしたいという。でも，「おばあちゃんが，おしゃれを楽しめるような服を売っているお店がない」と嘆く。
　年を重ね，生活環境が変わり，生活志向が変われば，生活スタイルが変わる。おのずとその「いでたち」(ファッション)も変わり，今まで利用していたお店も変わる。ときには，年を重ねても，完璧なまでのファッションで，さっそうと歩いている貴婦人のようなおばあちゃんをみかけることもある。ただ，相対的に，そういう女性が少なくなったような気がしている。もちろん，こういう服装をしなければならないという規則はどこにもない。自由である。でも，少なくとも次世代の人たちが「お手本」にできるようなファッションは，今，パリ，ミラノ，ニューヨークに委ねられている。一時，培われつつあった「神戸ファッション」は，すでに姿を消しているようだ。神戸人として情けない気がしないでもない。それにファッションを楽しむには楽しむなりの「場」が必要だ。たとえば，神戸の花火大会などはその良い例だろう。浴衣姿の若い女性が，朝から夜のイベントに備えて，まちをウロウロしている。日頃，浴衣などというものとは縁遠い彼女たちも，「場」とその「場」を盛り上げる「ストーリー」があれば集ってくる。年々，浴衣姿が増えているような気がする。その様子は，まるで，『浴衣を着てなきゃ流行に乗り遅れちゃう』といいたげだ。女性雑誌には，そうした若い女性の心を揺さぶるような情報が満載されている。ちゃんと，あの手この手でPRとしての刺激があり，ストーリーを現実化していくための土壌が肥やされているのだ。
　ただ，こうした大きなイベントは，そうしょっちゅうできるものではない。でもファッション都市を宣言したからには，日常的に，それを実

感できるハードやソフトが欲しい。たとえば，まちのあちこちのカフェやレストランで，小さなコンサートがいくつも開かれているとか。夜，そこへ行くには，「昼間のジーンズやTシャツではダメよ！　ちょっぴりおしゃれしてこなくちゃ！」なんてことがわざわざ掲示されているんじゃなくて，自然に口コミで広まるような「場」づくり，「雰囲気づくり」。また，夜遅くなっても，開いている画廊や美術館があってもいい。演ずる側と観客のコミュニケーションが，まるで協奏曲のように聴こえてきそうなまちになれば。

「ファッション都市」を宣言している神戸……。そこで，こんなことを考えてみた。

神戸のあちこちに，いろんな国々のファッションを中心としたデザイナーや業界の人々，あるいは音楽家，建築家などあらゆるジャンルの芸術家が行き来し，集まるカフェ，レストラン，工房，オフィス，スタジオ，住まいなどの「場」も必要だ。おすましたブティック，美術館もいいけど，ファッションをエネルギーとして感じるまちは，それを創造する人，作る人，着る人，売る人，補完する人，語り合う人が日常的に視覚できるまちではないだろうか。さらに，三宮，元町，北野どこでもいい，とにかく神戸の中心付近に世界のファッション情報がつぶさにわかる情報の場があり，神戸を歩いているだけでファッションを感じる，そんなまちになれば……。

こうして「神戸ファッション」が元気になれば，その運動は全国に広まり，日本のファッション文化も関連業界も成熟していくというもの。これだって立派なまちづくり。それは，一人ひとりの意識と行動から。

また，うっとうしい時代。ためしに，思い切ってお堅いイメージの知事や市長，主だった企業から，それぞれの職員，社員にカラーシャツの着用を義務付ける。そのカラーシャツは，兵庫県の地場産業の織物で。なんて，それだけでも結構まちは明るくなる。ファッション都市って，宣言するんなら，それぐらいウイットに富んだ遊び心が欲しい。最初は，なんだか野暮ったくみえるかもしれないが，慣れればそのうち楽しめるようになる。そうなれば，カラーコンサルタントはフル稼動，お店のネクタイもイキイキ，ボタンや小物でアレンジすることも，シャツの老舗も力量を発揮できる。いろんなカラーがまちを歩いている。想像するだ

けで華やかで，楽しいまちに。それに話題にもなるんじゃないかな。まず住んでいる人，働いている人がファッション都市を自覚していかなきゃ。インターネットの時代。噂が噂を呼び，世界から注目されるかもよ。

「真面目なまちづくり」も必要だけど，「不真面目（遊びのある，笑いのある，センスのある，ウイットに富んだ）なまちづくり」はもっと必要！　なぜって，「不真面目なまちづくり」は，人間の根元的な欲望を喚起すると思うから。むしろ，大転換期を移動中の混沌とした今の時代，不真面目な中にこそ，まちづくりの真実がありそう。そうなると，「不真面目なまちづくり」は，「21世紀型まちづくり」といえそうだ。

■若者がつくる新しい神戸

震災後，神戸で面白いできごとが。

それは，『若者がつくる，若者のための，若者の場所』。

若い人は若いというだけで眩しい。神戸ではその若いパワーが，まちづくりの一翼を担い始めている。トアウエスト，三宮から元町にかけての高架下などがその代表的な場所。アメリカのようでアメリカじゃなくて，アジアのようでアジアじゃなくて，ヨーロッパのようでヨーロッパじゃない。もちろん，ジャパニーズでもない。国籍不明，無国籍，だけど，その場所へ行くと異文化を感じ，若いエネルギーを感じる。まさに，『神戸の不思議の国』。これらは，『若者がつくる，若者のための，若者の場所』といえそうだ。

ところが，一方で，今までなかった妙な現象が起きている。たとえば，もう10年近く通い詰めている，いくつか固定化された私の外食先で，若者の姿をみかけることが多くなった。いずれも，元町，三宮のお店である。『わざわざ，ここにこなくても，すぐ近くに若者が気に入りそうなお店がいっぱいあるのに，どうして？』と首を傾げたくなるような現象が起き始めている。それも，1軒や2軒ではない。お店のタイプにもよるが，今まで中高年層が利用していたお店に，若者が侵入してきているのである。確かにお店は，若者がいるだけで明るく，賑わいがある。お店にとっては，うれしい悲鳴かもしれない。ただ，常連である私などは，居場所がなくなった感じがしないでもない。それに，気分も落ち着かない。もちろん，お店だって世代交代しないと息が続かない。ところが，

◀ 若者がつくる神戸のまち
▼

(写真)
筆者撮影

　この世代交代に2つのタイプがあることを発見した。その1つは，店の雰囲気を変えずに，実に見事なまでに経営者も客も世代交代が行われ，それまでの客も利用しているタイプ，2つめは，ただ，何かのきっかけで急に若者が増えてしまって，それまで利用していた客がこなくなってしまったというタイプである。当然，私の利用頻度が高いのは前者のお店。なぜなら，前者のお店は，今までの客を大切にしながら，お店に毅然としたスタイルがあり，そうした雰囲気の中で新しい客も受け入れているからだ。そのため，今まで利用していた私としては，新しい客となった人々と同じ空間や時間をともにしても，違和感を感じることはないし，疲れない。

こうした体験をしていく中で，あるお店のことを思い出した。そこは，三宮にあるTVや雑誌でお馴染みのカフェ・レストラン。当初，お店のターゲットはおしゃれな中高年のカップルや外国の方々，コンセプトは『落ち着いた大人のお店』。ところが，オープンしてみると，若い女性が溢れるお店に。経営者の最初の思惑とは，ずいぶんと違う。外からみているだけだが，今は成り行きに任せているようにみえる。

この現象を私なりに考えてみた。若者は，『同世代がつくる世界』を楽しみながら，一方で，『大人の世界をのぞきたい』『本物に触れてみたい』という意識があるようだ。これは，『もっと〜したい，もっと〜知りたい』という欲望のあらわれかも。

『そのうち，神戸に"中高年の居場所"がなくなっちゃうんじゃあ』と不安になることも。

でも，だからこそ『中高年の居場所は，中高年がつくっていかなきゃ』とも思う。

食べること，着ること，生活すること，これらを1つのファッションと考えれば，神戸のファッションは，神戸で生活し，働き，集う中高年から発信していかなきゃ！ それを「お手本」として次世代の若者に伝えていけたら，最高！

■神戸のイメージとファッション

「どこからいらしたんですか？」
「エッ！ 神戸からいらしたんですか！」
「うらやましい！」
「神戸は，おしゃれなまち，ファッションもステキなんでしょ」
地方へ仕事に行ったときのこと。

会話は，その地域の若い女性消費者の方々とのヒアリングを終え，雑談の中から出てきたもの。でも，それを聞きながら『ああ……』とため息を漏らしそうになった。『まちの風景はそれらしいけれど，実際はそうじゃないのよ』と。

『神戸はファッション都市である』といわれている。でも，私は『神戸はファッション都市だった』と思う。もちろん，ファッション都市として相応しいまちであって欲しい。でも，昔は生きたファッションがまち

に溢れていたけれど，今は……。ファッションと名の付く美術館や施設があるからファッション都市なの？　こうした疑問を抱く神戸人は，私の周りに決して少なくない。

　昔も今も，みんな流行を気にして，おしゃれをしたいと思う気持ちに変わりはないはず。でも，現代の「神戸人」から，昔の「神戸人」が持っていたであろうおしゃれに対する気合いを感じない。昔は，ぞれぞれ思い思いのファッション感がスタイルとして表現され，それがその人の個性になっていたように思う。そして，それらを扱う専門店がとても元気だった。でも，今は，たとえば，ブランドを持っていたら安心という「イッチョウあがり！」見よう見真似のファッションで満足している人たちが多いような気がする。

　ある靴屋さんが嘆いていた。昔は，「こんな洋服に合う，こんな靴ある？」って，客が自分の意志をはっきり持っていて，経営者もその客の声が靴を知る肥やしになっていたそうだ。でも今は，雑誌を持ってきて「この靴頂戴」という。「それは足入れも悪いし，お客様の雰囲気にあっていないので，こちらの靴はいかがですか」というと，「私は，流行のこの靴が欲しい」と譲らないそうである。だから，仕入れも当然，雑誌のグラビアに載っているような流行の靴を仕入れることになる。いろんな靴を仕入れて，お客様とのやり取りを楽しみたいが，お客様がそれを望んでいなければ，お客様のニーズにあわさざるをえないという。昔は，個性的な靴を置いていたそのお店も，今ではどこにでもあるような靴を置いている。客は，どうやら昔とは違ってきているらしい。

　生活者は，個性化・多様化しているというが，多くの場合，クリエイティブではない。

　少なくとも，昔，神戸の生活者は，クリエーターだった。「モノ」がないなりにいろんなものを取り揃える名人がそこそこいたように思う。それは，「モノ」が今ほど十分ではなかったからかもしれない。それにつけても，不思議だ。「モノ」が溢れ，選択肢の幅は昔とは比べものにならないくらい広がっているはずなのに。現代生活者のアソートする感覚が鈍っているのだろうか？　それとも，作り手が画一的なのだろうか？

try!

❶ あなたが住んでいるまちは，どんなまちですか？ 変化，魅力，問題点について考えてみよう。
❷ あなたが住んでいるまちの人々の暮らしぶりをいくつかのタイプで示してください。
❸ あなたがまちのリーダー（市長など）なら，まちが今以上に発展するために，何をしますか？

11 chapter 企業のファッション・マーケティング

　本章では，生活者のライフスタイルにあわせ，商品・サービスを提供している「新・生活提案型」企業のファッション・マーケティングをみてみよう。

11.1　ビューティ・ケア企業のファッション・マーケティング

　家族や友人に「イメージ変わったね」といわれたことはないだろうか。髪型，服装，化粧方法，意識など，他者からみてイメージが変わった理由はいろいろ考えられる。ここでは，髪型について，顧客の内面・外面の美しさを最大限に引き出しているヘアー

Make a Noise ▶

（写真提供）
Make a Noise

サロンのキャリアアップ戦略から，ビューティ・ケア企業のファッション・マーケティングを眺めてみよう。

　以下で登場する人物は，大阪学院大学のファッション・マーケティングの講義にお越し頂いたヘアーサロン「Make a Noise」チーフディレクターの多和田氏である。

　経営学者池内信行氏が「経営は人なり」と説いているように，顧客の満足を高める要になるのは「人」である。Make a Noiseでは，顧客とのコミュニケーションから，顧客のライフスタイルを把握し，顧客がなりたい自分を，ビジュアルに表現し，顧客満足を極めている。これを実現するためには，まず，スタッフのスキルはもちろんのこと，顧客対応でのさまざまな場面で感性，センスが求められる。だが，感性，センスは一朝一夕に備わるものではない。Make a Noiseでは，採用時に，時間をかけて面接し，感性，センスの有無や可能性を判断している。また，顧客満足を高め，企業利益をあげるため，経営の要となる「人」（従業員，スタッフ）を重視し，給与体系からキャリアアップシステムをつくり，人材育成に力を注いでいる。

■顧客の心をつなぐ感性豊かなコミュニケーション

　「どんなイメージにしたいですか？」
　「おまかせします」と，はにかみながら語る男子学生Ｎさん。
　「それでは，お任せ下さい！」
　これは，大阪学院大学ファッション・マーケティングの講義風景である。冒頭の会話は，ゲストスピーカーとしてお招きしたヘアーサロンMake a Noiseチーフディレクターの多和田氏と，講義を受講している男子学生Ｎさんのやり取りである。

　多和田氏は，最初にＮさんの顔，着ているものを眺めながら「彼」をつかみ，さらに，はさみを入れながら，気軽に会話を進める。会話しているうちに，Ｎさんの顔から笑顔がこぼれ，緊張感がほぐれた様子がう

かがえる。Nさんが緊張するのも無理ないことだ。進んでモデルになったものの，ぶっつけ本番，鏡もないところで，160名ほどの観客（講義受講生）が突然の成り行きを，固唾を飲んで見守っているのだから。

多和田氏は講義が始まるやいなや「誰かカットさせてくれますか？僕という人間を知ってもらうには，これしかありませんので，それからお話します」と，受講生からカットのモデル（男女2名）を募ったのである。

10分ほど経って「さぁ，すみました」と多和田氏。すると，教室中から一斉に拍手が湧き起こった。ところどころで，「すごい！」「素敵！」という声も聞こえてくる。丹精で，可愛い顔立ちのNさんは，鏡がないので確認はできないながら，観客の反応をみて，うれしそうに席についた。伸びきっていた彼の髪は，その原型を考慮されつつも，夏に向かってスッキリと爽やかに仕上っていた。

■ヘアーサロンのミッションステーツメント

Make a Noiseでは，自社のビジョンと従業員たちのあるべき行動指針を謳いこんだ明快なミッションステーツメントをかかげ，顧客満足を現実のものとする努力を積み重ねている。

まず，モットーでは，顧客に元気になって帰ってもらうこと，何よりも顧客とのコミュニケーションを大切にすることを強調している。そんなMake a Noiseのキャッチフレーズは，『あなたのキレイをカタチにしたい』である。それを実現するチームを，時代のニーズに応えるべく，顧客の外面・内面の美しさを引き出すデザイナー集団と位置付けている。

その使命は，「すべてのお客様，すべてのスタッフ，取引先すべての人々，そしてその家族までもが幸せになれることを願い，美容という仕事を通じ社会発展に努めることを使命とする」であり，この事業を取り巻くすべての利害関係者すなわちステークホルダーの満足と社会貢献を謳っている。

その行動規準は，「自分で考えて，指示を待っているのではなく，失敗を恐れず，いいと思った事をすぐに行動に移そう。もし間違っていたら素直に間違いの原因を考えよう」であり，自己の責任において行動でき

る環境づくりが，スタッフのモチベーションを高めている。また，その意識や行動がみずからの喜び，成果へと結び付く仕組みとして，能力主義を導入した給与体系，キャリアアッププログラムがある。

■顧客評価＝みずからのキャリアアップ

　　　　はじめてこのお店を訪れたとき，シャンプー台で待っていると，「はじめまして，Ｔです」と，まるで太陽のような輝きを放つ，元気で，明るい女性スタッフが現れた。曇りのない明るさは天性のものなのだろう。専門学校卒業と同時に入社。まだ，勤めて間もない彼女だが，多和田氏は「彼女は，すでに，シャンプー指名NO.1なんです」と語る。シャンプーは美容師としての最初のステップ。そこで，彼女は確実に客の心をつないでいるのだ。

Ｔさん：「ここは美容院なんで，女性のお客様が多いんですが，どうすればその女性のお客様に喜んでもらえるか，日々，考えています」
筆　者：「女性のお客様に喜んでもらえるようにするのは，かなり難しいでしょ？　何をしているんですか？」
Ｔさん：「今の私の仕事は，お客様にシャンプーをすること。ですから，徹底してシャンプーに関する知識を勉強しています。そうすると，個々に髪質が異なるお客様に，適切なアドバイスをしてさしあげられますし，また，一人のお客様でも，以前，ヘアカラーをなさったり，おみえになったときの健康状態で，以前とは髪質が異なっている場合がありますので，そうしたことを見極めながら，シャンプー剤を選んだりしています」。
　　　　「お客様がカットサロンにいらっしゃる目的は，気分転換もあるのですが，やはり美しくなりたいから，私は，シャンプーすることで，それを実行できればいいなと思っています」。

　　　　Ｔさんは，お店の仲間から，「天然系」と愛され，明るく，元気。そして何よりも前向きで，チャレンジ精神旺盛であり，感性も高い。最近，彼女に，部下が一人できた。そんなＴさんの悩みは，自分が感覚的に，当たり前のように行ってきたことを，部下にどのように伝えたらいいの

かということである。たとえば，カットの折に身を覆うケープ。大柄な人には大きめのケープを，小柄な人には小さめのケープをかけるといったようなことは考えれば当たり前のことだが，何も考えていなければ，そのとき手にしたケープを客にかけることになる。学習した知識・技術は指導できても，みずからが当たり前のように日々お客様に行ってきたことを，後輩に伝えることはなんと難しいことか。Tさんは，知識・技術を真に生かすものがあることに，少しずつではあるが気付き始めている。それが感性であり，お客様のライフスタイルに隠されたファッション性を引き出す力であることを。

■キャリアアップをサポートする給与システム

　　Make a Noiseでは，お客様に感動と感激を与えられる美容師になること，失敗を恐れず責任を取れる先輩になることを目標に，オピニオンリーダーになれる人材育成を最重要課題にあげている。そのために，会社は頑張ったスタッフに対しては，正当に評価し，スタッフのサポート役に徹している。基本給と能力給との二本立ての給与体系がそのことを物語っている。最近，給与体系が見直され，以前よりも能力給の割合が高まるよう改善された。指名売上手当をそれまでの固定制から変動制に変え，Tさんのようなアシスタントにも技術売上手当を設けた。当然のことながら，固定制から変動制にすることによって，従業員のやる気もこれまで以上に高まる。美容業界も低価格競争が加速する中で，固定客の増加，リピート率の向上に向け，アシスタントに対しても顧客を獲得することを奨励し給与に反映させている。アシスタントとしてシャンプー時から顧客を獲得する習慣をつけ，本人が一本立ちすると次にそこでついた顧客へのカラー，パーマを担当させる。このように一人の顧客を継続的に担当することでみずからの顧客獲得につなげていく。シャンプー指名は後輩に譲っても，一人前のヘアーデザイナーとして新たな手当はつくので，自身の顧客の満足度を高めるためにも後輩にシャンプー教育を施し，指名を継承していく。つまり，先輩スタッフは，みずからがキャリアアップすると同時に，経験の浅いスタッフのトレーナーとしての役割も果たしているのである。

　美容業界は，親方と弟子の関係で成り立つ伝統的な組織ではあるが，

Make a Noiseでは，18年前のオープンから，社会保障制度の導入，給与体系を確立し，組織として共通の価値観を持って仕事ができる環境，指名の高いスタイリストでも手が空いていれば率先して他のヘルプにつくような企業風土をつくり上げている。このように給与体系を背景にしたキャリアアッププログラムは，個々の従業員のモチベーションを高め，ひいては，顧客の満足，来店頻度を高めている。しかしながら，ここにも大きな課題がある。前にも述べたように，積み上げてきたスキルは伝承できても，みずからが持っている感性は，なかなか伝えきれないという点である。多和田氏は「お客様のニーズを読み取れない感性の低い人は，ヘアーデザイナーとして大成しない」と語る。「美容学校を出た若者は，2年で3分の2が業界を去り，10年後に残るのは，10分の1」とも続けた。だが，Make a Noiseの定着率は，それよりはるかに高い。その大きな要因は，入社試験の選考基準として，技術・知識もさることながら人柄や感性の高さを重視するからであり，これらの人材を，独自のキャリアアッププログラムで育成しているからであろう。

　顧客の満足を引き出すスタッフの感性を重視するヘアーサロンMake a Noiseの取り組みには，学ぶべき点が多い。技術・知識を偏重するのではなく，みずからの感性を磨き，顧客一人ひとりが今何を望んでいるかを常に考え行動することこそ，真のホスピタリティであり，ファッション・マーケティングに通じるものである［23］。

try!

❶ Make a Noiseの理念から提供されているコミュニケーションをすべてあげてください。
❷ ❶であげたコミュニケーションは，それぞれ4P（4P：製品政策，チャネル政策，価格政策，プロモーション政策。図表1参照）のどれに当たりますか？　また，4Pの中でどのようにつながっていますか？
❸ あなたが利用しているヘアーサロンについて考えてみよう。

11.2　アパレル企業のファッション・マーケティング

　私事になるが，昭和4年生まれの母は，「最近，ちょっとした外出着になるような服が売っていない」，さらに，「年相応の洋服を売っているお店の商品は，みるからにおばあちゃんという雰囲気で，よけいに年寄りっぽくみえる」と嘆く。では，母はどのような服を求めているのかといえば，若い女性の間で流行しているデザインのおばあちゃんバージョンである。デザイン，見た目は，流行の，あるいはお洒落感のある，サイズのみ母の年代にあわせた洋服ということになる。

　また，筆者と同年代の中高年層でも，若い女性をターゲットにしているブティックで商品を吟味している姿を見掛ける。服装も，生活スタイルも，「年相応に」がまるでスローガンのような時代もあったが，いまや，私はこうしたいと自己主張する人々が増え，服装もそうした意識や生活観を反映し始めている。つまり，洋服のみならず，生活スタイル自体が，これまでの年代，性別，所得，社会階層などという枠で，ターゲットを設定できない時代に突入しているのである。言い換えれば，生活者の価値観やライフスタイルと商品との相性が重要視されているといえる。そして，商品を購入するきっかけになるのが，生活者に直接接する販売員である。他方，企業の取り組みは，まだ，こうした現状を十分満たしておらず，生活者のニーズと企業の思惑とのズレが生じている部分も少なくない。

　ここでは，地域のお客様のライフスタイルを把握し，売上に結び付けているアパレルメーカー「DKNY」のショップの顧客対応をファッション・マーケティングの視点から眺めていこう。

　アパレル小売企業のビジネスは変化への対応が中心になる（に

れに関しては，アパレル業界のみならず，どの業界の企業にも通じる）といわれているが，以下に登場しているDKNYの店長は，時期・時間差による売り場の変化を把握し，この変化への対応から見事に売上を伸ばしている。

■顧客のライフスタイルにあわせた売り場づくり

「じゃあ，このパンツ2本とジャケットを頂くわ！」
ここは，DKNYの売り場。
DKNY（ダナキャラン・ニューヨークセカンドライン）といえば，主に20代の働く女性を中心に人気のあるブランドだが，商品を購入したお客様は，50代の雰囲気のよい上品なミセスである。
以前，大阪学院大学のファッション・マーケティングの講義に，DKNYの店長Yさんをゲストスピーカーとしてお招きした。Yさんは各地のDKNYショップの店長を経験している。
Yさんは「各地のショップで販売を経験してきましたが，同じDKNYでもショップごとにお客様が異なり，それにあわせて商品も揃えています。地域性が出るんですね」と語る。
ちなみに，Yさんが店長であるDKNYショップの顧客は，30～60代のミセスが中心である。若年層をターゲットにしている他地域のショップとは異なり，客層の幅が広い。また，異なるのは客層だけではない。流れがあるそうだ。たとえば「午前」「午後」「夕方」と時間帯によって3つに客層が分れ，それ以外にも，曜日，天気，シーズン中の寒暖，各種行事などが誘引し，めまぐるしくお客様の流れが変わるという。DKNYでは，その流れの変化に柔軟に対応してディスプレイし，接客している。
「他地域のDKNYのショップでは，暇になったからディスプレイでも変えようか，ということになるんですが，このショップでは，日に4～5回，意識的にディスプレイをやりかえるんです」。午前に来店するお客様は，子供を保育園や幼稚園に送り出したヤングミセス。午後に来店するお客様は，時間的にも余裕のあるヤングミセス，子供に手がかからなくなったミセス，あるいは休日をショッピングで楽しむ目的買いの

OL。夕方来店するお客様は，気分転換にウィンドウショッピングを楽しむOL。ざっと，こんなふうに，それぞれのライフスタイルによって来店時間が異なっている。午前にしろ，午後にしろ，ミセスは夕飯の準備に差し障りのない時間帯に来店する。売り場はそれぞれの顧客のライフスタイルにあった服をディスプレイし，顧客が『着てみたい！』と思うような情報を発信している。

DKNY ▶

(写真)
筆者撮影

■顧客のライフスタイルと売上

　　　　　4年前，YさんがこのDKNYショップに配属されたとき，売上は，全国で展開しているショップの中で15位であった。だが，その後，売上は徐々に伸び，現在は2位である（1位は，東京・伊勢丹DKNY）。これは店長であるYさんのリーダーシップとスタッフの努力の賜物であり，何よりも彼女たちが一丸となって，地域のお客様のライフスタイルを把握し，販売に結び付けた結果といえよう。

　　　　　お客様の年代層が幅広く，中でも30～60代のミセスが中心の同店では，取り揃えている商品も他店とは異なり，シンプルな商品が多い。30代のミセスは，子供がいるので動きやすく，シンプルで，スタイルの良いものを，50～60代のミセスは，楽で着やすく，シンプルで，若々しく装えるスタイルの良いものを，と両者の年代は異なるがニーズは一致している。

　　　　　20代の若年層に対応している他店では，カットソー，Tシャツなど，単品で，価格帯も低い商品が売れているが，当店では，ジャケット，パンツ，Tシャツなど，シンプルで，価格帯の高い商品が売れる。当然，客単価も高い。

　　　　　同じDKNYでも，大阪にある梅田阪急DKNYのお客様は，10代後半から20代のヤング層。彼女たちは，ブランド志向が強く，DKNYの商品を買うことが目的である。ただ，学生，あるいはOLでも所得がそう高くないので，目的買いとはいうものの，1～2万円の予算枠の中で選択しているため客単価は低い。

　　　　　このDKNYショップでは，売り場は異なるがDKNYの他に，DKNYメンズ，DKNYジーンズがある。DKNYは，デザイナーであるダナキャランが『娘が着る服』をコンセプトにつくったブランドであり，DKNYジーンズは，カジュアル。一般的に輸入されていないがDKNYキッズは『娘の子供（孫）が着る服』をコンセプトにつくられている。

　　　　　また，DKNYジーンズの全国売上トップは，阪急川西店（兵庫県）。川西店では，カジュアルラインにもかかわらず，年齢層の高いミセスが顧客の中心となっている。当初，若年層をターゲットに展開していたショップであるが，この予想に反する状況にスタッフも戸惑っているという。カジュアルとはいえ，シンプルで，スタイリッシュな商品が地域の中高

年ミセスの心を捉えているのであろう。

■顧客は「セレクトショップ」，そのとき販売員は？

「最近，お客様が変わってこられました」とYさんは語る。

以前は，洋服，靴，バッグなど頭の先から足の先まで，一つのブランドで統一していたが，最近では，さまざまなブランドの商品を組み合わせ，自分なりのトータルなイメージをつくり上げ，オリジナル・ファッションを楽しむお客様が増えているという。客自身が「セレクトショップ」の機能を果たしているのだ。

とりわけ，当店の中心顧客である30〜60代のミセスは，セレクトの傾向が強く，目的買いではなく，漠然と『何か良いものはないかしら？』とショップに現れる。ショップのスタッフ泣かせとでもいおうか，目的買いとは異なり，こうした客への販売は容易ではない。なぜなら，こういった客はある程度の洋服を持ち，既存の洋服とマッチするジャケットなり，パンツなり，Tシャツなりとの出会いを期待しているからだ。だが，Yさんは，むしろ，そうしたお客様に商品をみてもらい，お客様の好みやライフスタイル，手持ちの洋服にあうような商品を一緒に考え，アドバイスすることがこれからの販売員の仕事だと語る。押し売りは決してしない。「そのとき買って頂かなくとも，お話し，商品をみて頂き，お客様が，また来店したくなるような気持ちになって頂ければよいと思っています」とも語る。

Yさんは，売り場の商品が，客のライフスタイルのどの場面で，どう活躍するのかということを客とのコミュニケーションから感じ取り，提案している。時には，頭の中にインプットされている他店の商品も，臨機応変に調達し，販売する場合もある。客自身がセレクトショップ化している現在，これまで以上に，他店の情報やスタッフ間のコミュニケーションが重要になる。そして，客にも，こうしたホスピタリティは伝わり，「また行きたくなるショップ」となっているのである。

■幅広い年代層の顧客へ，バラエティに富んだ接客

ブティックのスタッフとして希望に胸膨らませ，売り場にでた新人スタッフも，しばらくすると，「私は，洋服を販売するためにブティックの

スタッフになったのに……」と嘆く。どうしてこのようなことが起こるのだろうか？

　幅広い年代層の客が来店する同店。新人スタッフが接客するお相手は，彼女たちの祖母や母の世代であったり，姉の世代であったり，同世代であったり，とバラエティに富んでいる。同時に，スタッフには，その客にあわせたバラエティに富んだ接客が求められる。

　たとえば，午後の1時。小さな子供を連れ来店する客は，「姉」の世代。新人スタッフは，売り場を走り回る子供の相手をするはめに。売り場は，保育園さながらの賑わい。まるで保母さんか，姉の子供の相手をしていることになる。これはこれで，神経と体力を使う。そうして，販売に結び付けばよいが，そのまま帰る客がいたりすると，『私は，一体何をしているの？』とがっくりする。でも，そうした新人スタッフにYさんは，「それでいいの，お客様は楽しんで帰ってくださったんだから，また，来てくださるかもしれない！」とスタッフを励ます。

　洋服という商品を販売しているものの，客が商品を購入する動機付けになるのは，スタッフとのコミュニケーション，信頼関係からであり，それはまさに，個々にライフスタイルが異なるバラエティに富んだ客へのホスピタリティから始まる。

　また，ホスピタリティを伴うコミュニケーションは，客だけに向けられるのではなく，売り場内外のスタッフ間でも必要だ。やめていく新人スタッフの多くは，こうしたコミュニケーションがうまくとれずに悩み，冒頭のような結論に達する。

　Yさんは，「コミュニケーションをとるのは難しいですが，それを楽しんでできる人でなければ続かないようです」と語る。今売り場で働いている，活発で，健康的な笑顔のスタッフは，その壁を乗り越えた人たちである［22］。

try!

❶ DKNY のコンセプト（理念）を考えてください。
❷ DKNY のコミュニケーションをすべてあげてください。
❸ あなたが DKNY の店長なら，今後，どのようなことをしますか？

11.3　ファッション・マーケティングの現状と今後の動向

　序章でルシェルブルーを事例としてファッション・マーケティングを説明したように，現在，急成長している企業の多くは，これまでの業種・業態の枠を越え，進化し，ある特定のライフスタイルを持った生活者に向け，商品・サービスを提供している。その方法は，企業内で完結している場合もあれば，他業界とのコラボレーションから成る場合もある。本節では，こうした企業の動向から，ファッション・マーケティングの現状と今後の動向をみてみよう。

■ブルガリのホテルプロデュース

　現在，世界の高感性な女性の憧れであるイタリアのジュエラー「ブルガリ」が，マリオット・インターナショナルと提携し，2004年春にイタリアのミラノに「ブルガリ　ホテル＆リゾーツ」をオープンする。さらに2軒目のホテルをバリ島に建設中である。また，日本でも土地を物色しているという噂も流れている。ブルガリはマリオットと提携することで，マリオットの卓越したホテル経営上のインフラとそのホテルブランド構築の手法を得，他方，マリオットは，ラグジュアリーホテル市場が魅力的な成長を遂げる市場でありながら，まだ未開拓であることに着

ブルガリ ホテルズ
＆リゾーツ ミラノ ▶
「The hall」

(写真提供)
ブルガリ ホテルズ＆リゾーツ（ザ・リッツ・カールトン・ホテル・カンパニー日本支社内）

目し，ブルガリのブランド力と組んだのである（傘下にあるラグジュアリーホテルのリッツ・カールトンとは，サービスの質，リピート顧客の認知は同じであるが，異なる宿泊体験を提供することで差別化を図っている）。ブルガリが本業で提供しているジュエリーは，高級感漂う斬新で洗練されたデザインである。今回オープンするホテルは，本業がターゲットにしている顧客層が好むラグジュアリー（豪華な）ホテルであり，高所得で，コスモポリタン（国際人）で，洗練された旅行者がターゲットであるという。単なるトレンディホテルではなく，それぞれのホテルに，本格スパや5ツ星レストランを完備させる。世界的に有名な建築事務所のアントニオ・チッテリオ＆パートナーズが設計を手掛けたこのホテルは，ブルガリ・ブランドが特徴とする独創的で，現代的なスタイルを体現している［24］。

このたびのブルガリのホテル事業への参入は，旅行をしていた社長みずからの希望にあうホテルがなかったことへの素朴な疑問がきっかけとなっている。そこから，ブルガリが専門とする宝石・時計をベースに，トータルなライフスタイルを考慮したところ，ホテル事業への参入に行き着いたのである。そして，このホテル事業への参入は，単なるブランド展開としてではなく，ブルガリの職人芸にみる「こだわり」から，顧客へハイクオリティなライフスタイルを提供することを目的としている。立地は，あくまでもコンテンポラリーなブルガリスタイルを保ちつつ，自然の中で，ブルガリショップに近い利便性の高い場所を選定している。癒しを五感で体感するホテルとして，また，すべてのゲストのニーズに応えられるよう部屋数は少なく，アメニティー・備品・リネン・カーテンに至るまでブルガリのこだわりがみられる。

「自然とモダンの融合」を掲げ，自然をテーマにした素材が多く利用さ

れている。ホテルのコンセプトは，「ブルガリスタイルをブルガリホテルで体感してほしい」「都会の中のオアシスをエンジョイしてほしい」である。

■アルマーニのホテルプロデュース

　　　　ファッション・デザイナーのジョルジオ・アルマーニ氏がホテル事業に進出する。提携先は，ドバイに拠点を置くエマール・プロパティズで，10億ドル規模のプロジェクトで行われる（2004年2月22日，ニューヨークのロイター通信）。エマール氏がコストの大半を負担する公算が大きいとされ，アルマーニ氏は，ホテルのデザインやスタイリングを担当する。世界的に有名なアルマーニ氏がデザインする洋服は，素材はもちろんのこと，男女ともに，洗練されたシックな大人の雰囲気があり，扱う商品は異なるが，どちらかといえばゴージャスなブルガリとは一線を画している。

　アルマーニ氏もブルガリ同様，日本進出を検討しているようであるが，その場合，現在健闘している高感性な外資系ホテルとの競合が予想される。

　客室，宴会場，レストラン，家具備品，テーブルウエアー，そしてお得意の制服はすべて，アルマーニの好みで演出され，その世界が表現されることであろう。そして，知名度，ファッション性，感性ともに卓越したアルマーニの日本進出は，アルマーニファンのみならず，高感性で，シンプルでハイセンスな大人のライフスタイルを持つ生活者を魅了することであろう。

　現在，とりわけ日本では，競争が激化し，その経営・運営が難しいといわれているホテルではあるが，他業界からの参入は，未開拓市場や市場の必然性を示唆しているのではなかろうか。

　『自社がターゲットとしている生活者は，どんな生活を望んでいるのだろうか？』

　商品・サービスを提供する企業が，それを自然に，シンプルに考えれば，ファッション・マーケティングへの糸口が必ずみつかるだろう[25][26]。

第11章　企業のファッション・マーケティング　107

アルマーニ・ブランドのホテル
アラブ資本で東京など世界展開

　多彩なファッション商品を展開するジョルジオ・アルマーニ社（本社・イタリア／ミラノ，ジョルジオ・アルマーニ会長兼 CEO）とアラブ首長国連邦最大のデベロッパー EMAAR プロパティーズ社／EMAAR ホテルズ＆リゾーツ社（本社・ドバイ，モハメッド・アリ・アラバール会長）が提携して，高級ホテル・リゾートの展開に乗り出す。

　このほど両者が交わした覚書によると，今後 7 年間にホテル 10 カ所とリゾート 4 カ所を開発，うちホテル 6 カ所とリゾート 2 カ所は 5 年以内にオープンさせるとしている。候補地には，それぞれの本拠地であるミラノとドバイをはじめ，ロンドン，パリ，ニューヨーク，東京，上海など世界の主要都市が含まれている。

　すでに建設が決定している「ザ・ドバイ・アルマーニホテル（仮称）」は，EMAAR が開発中の世界最高の複合ビル「ブルジュ・ドバイ」の一部約 4 万 m^3 を占め，スイート 250 とレストラン，スパなどを備える。ホテルと併設される高級アパート 150 戸を含め，内装のコンセプト構築とデザインはすべてジョルジオ・アルマーニ社が手掛け，家具・備品もグループの「アルマーニ・カーサ」から調達する。

　提携についてジョルジオ・アルマーニ会長は「以前から，弊社のデザイン哲学と製品をホテルと結び付けるべく計画していた。多くの引き合いもあったが，このユニークな構想を長期にわたって取り組む上で，不動産開発とリゾート運営面で優れたビジョンと能力を備え，アルマーニのブランド価値を評価してくれた EMAAR を最終提携相手として選択した」と語っている。

　また，モハメッド・アリ・アラバール会長は「世界のファッション界で築き上げたジョルジオ・アルマーニのブランドは，現代のエレガンスとスタイルそして高品質の代名詞。世界の主要都市とリゾートに展開する高級ホテル・リゾートの個性づくりには欠かせない要素だ。この野心的なコラボレーションの背景には，情熱と革新そして優れたものを追い求める両者の意思統一がある」と述べている。

　覚書では，EMAAR が不動産開発と建設およびホテル・リゾートの運営を，ジョルジオ・アルマーニ社が施設計画とデザイン，内装を担当。建築，インテリア，家具，アメニティなど，今回のプロジェクト向け製品はすべてアルマーニの商品群から選択する。また，ホテル・リゾートの運営と事業展開に両者の意思を集約し，実行する運営会社をミラノに設立する。

出所：「週刊ホテルレストラン」オータパブリケイションズ，2004年3月19日号（第39巻11号），p. 36，より一部変更の上転載

参考文献

［1］ 青井倫一著『通勤大学 MBA2 マーケティング』総合法令出版，2002年
［2］ 岡嶋隆三編著『マーケティングの新しい視点』嵯峨野書院，2003年（杉原分担執筆第7章）
［3］ 岡嶋隆三・唐崎斉編著『新しい社会と企業システム』嵯峨野書院，1999年（杉原分担執筆第8章）
［4］ 亀川雅人・有馬賢治著『入門マーケティング』新世社，2000年
［5］ 財団法人日本ファッション教育振興協会『ファッション・ビジネス戦略』財団法人日本ファッション教育振興協会，1996年
［6］ 島田晴雄著『図解　インテリア住宅』東洋経済新報社，2003年
［7］ 菅原正博・本山光子共著『ファッション・マーケティング』ファッション教育社，1999年
［8］ 菅原正博・市川貢著『次世代マーケティング』中央経済社，1997年
［9］ 菅原令子著『私を変えるカラー・コーディネイト』永岡書店，1997年
［10］ 杉本徹雄編著『消費者理解のための心理学』福村出版，1997年
［11］ 田中道雄・白石善章・佐々木利廣編著『中小企業経営の構図』税務経理協会，2002年（杉原分担執筆第7章）
［12］ 寺田信之介編著『図解マーケティング』日本実業出版社，1997年
［13］ 下川美知瑠著『図解でわかるカラーマーケティング』日本能率協会マネジメントセンター，2003年
［14］ 野田幸子著『The Color』東京印書館，2001年
［15］ 三浦信・来住元朗・市川貢著『新版マーケティング』ミネルヴァ書房，1991年
［16］ 富田隆・山本一太著『心に効くクラッシック』生活人新書，2002年
［17］ 和田充夫・恩蔵直人・三浦俊彦共著『マーケティング戦略』有斐閣アルマ，1996年
［18］ 「日本経済新聞」2003年8月15日
［19］ 「日本経済新聞」2003年9月24日
［20］ 「週刊ホテルレストラン」オータパブリケイションズ，2002年6月14日号（第37巻22号）（杉原担当執筆 pp. 40–41）
［21］ 「週刊ホテルレストラン」オータパブリケイションズ，2003年9月5日号（第38巻33号）（杉原担当執筆 pp. 14–16）
［22］ 「週刊ホテルレストラン」オータパブリケイションズ，2002年9月26日号（第38巻36号）（杉原担当執筆 pp. 14–16）
［23］ 「週刊ホテルレストラン」オータパブリケイションズ，2002年10月10日号（第38巻38号）（杉原担当執筆 pp. 14–16）
［24］ 「週刊ホテルレストラン」オータパブリケイションズ，2004年1月9日号（第39巻1号）（pp. 66–67）
［25］ 「週刊ホテルレストラン」オータパブリケイションズ，2004年3月19日号（第39巻11号）（p.

36)
- [26] http://headlines.yahoo.co.jp/hl?a=20040223-00000647-reu-ent（2004年2月26日）
- [27] Beatrice Judelle, THE FASHION BUYER'S JOB : Original English language edition published by National Retail Merchants Association, New York, 1971（菅原正博監修『ファッション・バイヤーズ・ジョブ』ビジネス・リサーチ，1979年）
- [28] Joanne Finkelstein, AFTER A FASHION : Joanne Lynne Finkelstein 1996, This book was first published by Melbourne University Press（成実弘至訳『ファッションの文化社会学』せりか書房，1998年）
- [29] Mary Lambert 著，門田真乍子日本語版監修『カラーパワーを活かす』産調出版，2003年
- [30] Philip Kotler, Donald Haider and Irving Rein, MARKETING PLACES 1993 by Philip Kotler, Donald Haider and Irving Rein（井関利明監訳『地域のマーケティング』東洋経済新報社，1996年）

索　　引

ア　行

アジアの楽園→「Life Style Wedding」
遊び心　73
当たり前　i
新たな価値　28
アールデコ→「Life Style Wedding」
生き方　10
異種とのコンフリクト（衝突）　28
癒し　77
エンターテインメント　27

カ　行

快楽的消費　73
価値観　9
考え方　10
感性　i
機会　16
キャリアアップ　97
キャリアアッププログラム　96
脅威　16
口コミ　77
くつろぎ　77
暮らし方　10
経営資源の最適化　80
高感性　75
行動規準　95
神戸の不思議の国　88
コミュニケーション　6, 19
コラボレーション　6

サ　行

自己分析　14

シナジー効果（相乗効果）　26
品揃え行動　11
自分らしさ　21
社会貢献　95
社会性　i
従業員のモチベーション　98
手段　3
受動的　30
情報発信　77
シーン　10
人材育成　97
新・生活提案型産業　6
人生観　9
シンプルな空間→「Life Style Wedding」
ステークホルダーの満足　95
生活態度　9
世代交代　88
セレクトショップ　103
戦略的なブライダルマーケティング　80
総合評価　26
ソフト（意識）　19

タ　行

第1のスキン　21
第3のスキン　22
第2のスキン　22
第4のスキン　22
地域性　100
強み　16
デザイナー集団　95
デザイン　4
都会的な造形美→「Life Style Wedding」
トレーナー　97

　　　　　　ナ　行

21世紀型まちづくり　88
能動的　30

　　　　　　ハ　行

ハウスウェディング　77
ハート　4
ハード（体）　19
ビジネス魂　74
必然性　4
ファッション　1
不真面目なまちづくり　88
ブライダル戦略　75
プロの技　74
ホスピタリティ・マネジメント　73

ホテルウェディング　77

　　　　　　マ　行

マナー　i
目的　3
モダンテイスト→「Life Style Wedding」

　　　　　　ヤ　行

弱み　16

　　　　　　ラ　行

ライフスタイル　1
ライフスタイル・ウェディング　75
「Life Style Wedding」（ハイアットの）　77
ラグジュアリー　105
レストランウェディング　77

著者紹介

杉原　淳子（すぎはら　じゅんこ）

現在　杉原ライフデザイン研究所所長（ライフスタイル・コンサルタント）
　　　近畿大学・大阪学院大学・吉備国際大学　他講師

略歴　流通科学大学流通科学研究科修士課程修了，流通科学修士。
　　　91年杉原ライフデザイン研究所設立，「まちづくり」を支援するライフデザインプロデューサーとして各地の中心市街地活性化プロジェクトで活躍。03年4月シンクタンクOCG発足に参画，パートナーとして日本型ホスピタリティ経営の変革を提唱する。近畿大学，大阪学院大学，吉備国際大学にて「ファッション・マーケティング論」「ホスピタリティ・マーケティング」「経営学」「地域デザイン論」などを担当。中心市街地活性化タウンマネジャー。

主著　『商店街の情報化戦略』中央経済社（共著），1993年
　　　『新しい社会と企業システム』嵯峨野書院（共著），1999年
　　　『中小企業経営の構図』税務経理協会（共著），2002年
　　　『マーケティングの新しい視点』嵯峨野書院（共著），2003年
　　　『現代日本の流通と社会』ミネルヴァ書房（共著），2004年

ファッション・マーケティング
——高感性ライフスタイルをデザインする——　　《検印省略》

2004年6月1日　第1版第1刷発行

著　者　杉　原　淳　子
発行者　中　村　忠　義
発行所　嵯　峨　野　書　院

〒615-8245　京都市西京区牛ヶ瀬南ノ口町39　TEL(075)391-7686　振替 01020-8-40694

© Junko Sugihara, 2004　　　　　　　　　　　　　共同印刷工業・兼文堂

ISBN4-7823-0402-1

R ＜日本複写権センター委託出版物＞
本書の全部または一部を無断で複写複製（コピー）することは，著作権法上での例外を除き，禁じられています。本書からの複写を希望される場合は，日本複写権センター（03-3401-2382）にご連絡ください。